Ulrich Hirsch
Gunter Dueck (Hrsg.)

Management by Mathematics

W0259176

Ulrich Hirsch
Gunter Dueck (Hrsg.)

Management by Mathematics

Erfahrungen und Erfolge von Executives und Politikern

in Zusammenarbeit mit GABLER

Bibliografische Information Der Deutschen Bibliothek
Die Deutsche Bibliothek verzeichnet diese Publikation in der Deutschen Nationalbibliografie; detaillierte bibliografische Daten sind im Internet über <http://dnb.ddb.de> abrufbar.

Prof. Dr. Gunter Dueck
IBM Deutschland GmbH
Gottlieb-Daimler-Straße 12
68165 Mannheim
dueck@de.ibm.com

Prof. Dr. Ulrich Hirsch
Ulrich Hirsch & Partner
Unternehmensberater
Walter-Flex-Straße 2
53113 Bonn
hirsch@u-hirsch-partner.de

1. Auflage September 2003

Alle Rechte vorbehalten
© Friedr. Vieweg & Sohn Verlag/GWV Fachverlage GmbH, Wiesbaden 2003
Softcover reprint of the hardcover 1st edition 2003

Der Vieweg Verlag ist ein Unternehmen der Fachverlagsgruppe BertelsmannSpringer.
www.vieweg.de

Das Werk einschließlich aller seiner Teile ist urheberrechtlich geschützt. Jede Verwertung außerhalb der engen Grenzen des Urheberrechtsgesetzes ist ohne Zustimmung des Verlags unzulässig und strafbar. Das gilt insbesondere für Vervielfältigungen, Übersetzungen, Mikroverfilmungen und die Einspeicherung und Verarbeitung in elektronischen Systemen.

Konzeption und Layout des Umschlags: Ulrike Weigel, www.CorporateDesignGroup.de
Druck- und buchbinderische Verarbeitung: Lengericher Handelsdruckerei, Lengerich
Gedruckt auf säurefreiem und chlorfrei gebleichtem Papier

ISBN 978-3-322-90789-9 ISBN 978-3-322-90788-2 (eBook)
DOI 10.1007/978-3-322-90788-2

Vorwort der Herausgeber

Wie managen Mathematiker, wenn sie in Führungspositionen aufrücken? „Mathematisch"? Oder anders? Oder werden sie während des Aufstieges auf der Karriereleiter „normal"? In diesem Buch kommen Mathematikerinnen und Mathematiker aus den Chefetagen selbst zu Wort.

Gibt es denn verschiedene Arten, wirtschaftlich zu denken? Aber ja – denken Sie an den ewigen Wettstreit der Meinungen, wer der beste Chef einer Abteilung wäre: Der Chef-Ingenieur oder der Führungsstärkste? Es gab Zeiten, in denen der fachlich Beste als ideale Besetzung des Chefsessels gesehen wurde. Zum Beispiel: In einem Automobilkonzern soll der leitende Konstrukteur oben sein! An einem Lehrstuhl an der Universität soll der beste Forscher die Verantwortung tragen!

Heute jammern viele, dass sich der fachlich Beste immerfort nur um das fachlich Beste kümmern würde, nicht aber um Effizienz oder Profit! Deshalb ist heutzutage gewöhnlich derjenige Chef, wer sich als Meister der Effizienz und als stärkste Antriebsfeder profilieren kann. Nach oben soll heute ein „Master of Business". Selbst an den Universitäten dämmert die Überlegung herauf, dass beste Forscher nicht unbedingt diejenigen sind, die am meisten Drittmittel herbeischaffen und die Fakultät zusammenhalten.

Und nun beklagen wir seit kurzem, dass die Meister der Effizienz wie ewig drängende Zahlenjongleure anmuten, die nicht mehr die Seele der Produkte, der Kunden oder der Mitarbeiter kennen. Seelen sind nicht „effizient".

Alle solche Überlegungen ranken um die Frage herum, wie die vielen Kräfte eines Unternehmens am besten auf den Unternehmenszweck fokussiert werden. Wie konzentrieren wir die Unternehmensenergie in eine gemeinsame Pfeilrichtung? Bauen wir vor allem die besten Produkte, sind wir am nettesten zu Kunden, motivieren wir die Mitarbeiter oder konzentrieren wir unsere Schubkraft in Messregler, die unentwegt Kosten senken und Umsätze steigern? So fragt man sich in Unternehmen.

Es gibt zwei wesentlich unterschiedliche Ansätze: Die Wirtschaftspraxis ist noch nicht weit über die Faktorenanalyse hinaus. Das Vorgehen ist immer ähnlich: Man stellt fest, von welchen verschiedenen Faktoren der Erfolg eines Unternehmens oder Projektes abhängt:

Motivation, Bezahlung, Verkaufspreis, Marktgröße, Konkurrenz usw. Anschließend verändert man einen der Faktoren und überlegt oder wartet schlicht, was geschieht. Wenn die Bezahlung der Mitarbeiter gesenkt wird, steigt der Gewinn, aber die Motivation fällt. Wo ist die gewinnoptimale Mitte? Wenn der Preis angehoben wird, sinkt der Absatz. Wieder die Frage: Wo ist die gewinnoptimale Mitte?
Solche Analysen stellen fest, wie das Unternehmen jeweils besser eingestellt werden kann. Ein Stellhebel wird betätigt. Die Wirkung wird abgewartet. Dann neue Analyse: Ein anderer Hebel wird in Bewegung gesetzt.
Dieser monokausalistische Ansatz des Hebelbewegens ist simpel und enorm praktisch. Wenn eine Führungspersönlichkeit genug Willen und Kraft aufwendet, setzt sie die Hebel richtig stark in Bewegung und erzielt Wirksamkeit.

Ein ganz anderer Ansatz befasst sich zunächst mit dem System als Ganzem. Wie würde ein ideales System aussehen? Welche Struktur ist ihm unterlegt? Wie wäre die Vorstellung eines Unternehmens der Zukunft? Das ganzheitliche Denken führt zu einem ganzheitlichen Ansatz, einer Vision, einem Leitbild, einer Gesamtvorstellung, einer Idee, manchmal zu einer gemeinsamen Sehnsucht.
Das ganzheitliche Denken spürt eine *insgesamt optimale* Firmenkonfiguration auf und fühlt intuitiv das beste Ziel. Das Ganzdenken mutmaßt dabei gewöhnlich, dass sich die besten aller Welten mit der Hebel-für-Hebel-Methode wohl nicht erreichen lassen. Deshalb wähnt es sich überlegen.
Leider ist dieser holistische Ansatz nicht simpel, denn er erfasst das Unternehmen in seiner vollen Komplexität. Es stellt sich bei ihm die Gretchenfrage, wie denn der Übergang von einem zum anderen System, von der Gegenwart zu einer besseren Zukunft, praktisch zu bewerkstelligen wäre! Wer das Ganze bewegen will, muss *gleichzeitig* mehrere Teile des Regelnetzes in einen anderen Zustand versetzen. Es sieht wie die Neuausrichtung eines Kraftfeldes aus. Wie geschieht das? Wer kann es? Es müsste so eine Art Dirigent sein ..., es wäre eine ganz andere Art von Energie vonnöten als die zum Bewegen einzelner Hebel.

Merken Sie, worauf wir Herausgeber dieses Buches hinauswollen? Es gibt Manager, die enorm praktisch sind, aber die Balance des Ganzen nur schwer beim Hebelbewegen bewahren. Und es gibt visionäre Manager, solche mit Träumen oder genialen Konzepten, die aber oft nicht fähig sind, die Idee in Kraft oder Energie zu verwandeln.

Es gibt also verschiedene Methoden, Talente und Gefahren. Und jede Menge gegenseitige Vorurteile.

»Mathematiker denken scharf, wissen viel und sind tendenziell unpraktisch, weil sie zu kompliziert denken. Sie leiden wegen ihrer fachlichen Liebe zum ästhetisch Eleganten an dem Charakterfehler, das Simple nicht achten zu können.« So sagen die Vorurteile derer, die »Keep it simple and stupid« hoch halten.
»Wirtschaftler (und auch viele Führungskräfte in Non-Profit-Unternehmen wie zum Beispiel in der Politik) denken, auch alles noch so Schwierige werde sich mit einer Serie einfachen Hebelumlegens lösen lassen – sie sind blind für den unerhörten Reichtum des Ganzen.« So reden oft die Mathematiker.
»Mathematiker verstehen genau die Welt von morgen. Sie können sie in aller Farbigkeit schildern. Wenn wir sie aber fragen, wie wir dort hingelangen, wissen sie nur, dass es schwierig sein wird. Sie glauben, dass es für eine Gruppe Sehnsuchtserfüllter ausreiche, das Ziel zu sehen!« So hört man oft Wirtschaftler.
»Wirtschaftler kümmern sich nie um das wahre wundervolle Ziel in der Ferne, sie ziehen nur ein Jahr lang an dem anbefohlenen Hebel, den sie Jahresziel nennen. Dann fragen sie weiter oben an, ob und wie sie wechseln sollen. Dabei würden wir so gerne mit ihnen über das Ziel reden. Das Gesamtkonzept und dessen tiefes Verstehen ist das Wichtigste, und auf Dauer auch das Ökonomischste.« So die anderen.
»Mathematiker reden über die falschen Themen, es geht nur um Funktionieren und Antrieb! Wir verstehen Mathematiker überhaupt nicht!«, stöhnen Wirtschaftler.
»Wirtschaftler sind sehr oft banal«, ärgern sich Mathematiker, die Simplizität so ungeheuerlich tiefer einordnen als das, was sie mit dem ähnlichen Wort „Einfachheit" bezeichnen.

Kurz und gut – beide Gruppen verstehen sich oft nicht. Das war der Ausgangspunkt unserer Überlegungen und Erfahrungen, die zu diesem Buch führten. Denn für uns steht fest: Sie könnten sich gegenseitig sehr, sehr gut gebrauchen! Das ist doch offensichtlich, nicht wahr?
Klassisches Management versteht sich auf die Kunstfertigkeit, ein System unter voller Funktionsfähigkeit von A nach B zu bewegen. Das, was annähernd im Amerikanischen mit „Leadership" benannt wird, weiß, *wohin* alles bewegt werden soll. Es versucht, das System

von einer Vision ziehen zu lassen. Es versucht, die Herzen oder die Primärmotivationen auf die Vision zu richten.
Wäre es aber nun denkbar, dass man eine Kombination hinbekäme? Was müsste dazu geschehen? Mathematiker müssten das „stupide" Praktische verstehen und sich mehr auf Hebel und Willen einlassen. So?
Sind Mathematiker im Management denn überhaupt von der Art, wie sich die Vorurteile das vorstellen?

So lassen wir sie also selbst zu Wort kommen, die Mathematikerinnen und Mathematiker in Führungspositionen! Das sind ja wohl diejenigen, die „verstehen" und gleichzeitig „verstanden werden". Und sie werden Ihnen gewiss erklären, dass ihnen der letztere Teil, also das „Verstanden werden", wie allen Mathematikern, mehr Mühe macht. Das haben wir beide als Herausgeber auch als ein Problem in unseren eigenen Beiträgen in diesem Buch herausgestellt.

Am liebsten hätten wir natürlich so ganz berühmte Mathematiker wie zum Beispiel Ottmar Hitzfeld, den Trainer von Bayern München, zu Wort kommen lassen. Wir haben jedoch leider – trotz großer Hartnäckigkeit – einen Korb bekommen. Obwohl jeder Mensch, der Gunter Dueck kennt, weiß, dass der seit dem Aufstieg der Bayern in die Bundesliga ein glühender Fan ist. Und jeder, der Ulrich Hirsch kennt, weiß, dass der in jungen Jahren Spitzensportler war und in der Firmenbroschüre von Ulrich Hirsch & Partner Unternehmensberater eine Spielszene aus einer Bundesligabegegnung zu finden ist.

Nun gut. Wir gingen ans Werk und es gelang uns relativ rasch, an die vierzig Mathematikerinnen und Mathematiker im Management zu finden, die spontan bereit waren, mit der Mathematik im Hinterkopf, fünf oder sechs Seiten über ihre derzeitige Tätigkeit und früher gesammelte Erfahrungen zu schreiben: Hilft ihnen Mathematik beim Managen? Denken sie, dass sie anders handeln? Fühlen sie Nachteile oder können sie etwas besser? Gibt es einen Unterschied zu „normalen" Managern? Worin besteht der? Wie managen sie selbst? Wie sehen sie sich als Persönlichkeiten?

Nicht alle haben ihre anfängliche Zusage einhalten können. Überraschend zeitaufwendige Restrukturierungen, die Folgen des 11. September, die Übernahme zusätzlicher Aufgaben ... – Sie wissen schon! Dennoch und ohne zu philosophisch zu werden: Das Ergebnis ist ein schmuckes Büchlein mit fünfundzwanzig Einzelbeiträgen.

Es gibt Autoren aus der Politik und es gibt Autoren aus der wirtschaftsnahen Forschung. Der überwiegende Teil des Geschriebenen stammt jedoch von Autoren aus der Privatwirtschaft. Dabei geht es viel um das schon erwähnte Verstehen und vor allem um das Verstandenwerden.
Viele Beiträge kreisen um das Tun, weit über das bloße Verstehen oder Können des Mathematikers hinaus. Wisse nicht nur, Mathematiker, handle auch kraftvoll!

Es war nicht einfach, einen roten Faden zu finden, denn die Beiträge sind in ihrer Meinung und Themenvielfalt breit gestreut. »Mathematiker sind die besseren Manager« liest man ebenso wie »Unternehmer sind die besseren Mathematiker« oder auch: »Ich bin jetzt Manager – Mathematiker war ich einmal, und jeder Mensch entwickelt sich weiter.«
Aber es kristallisiert sich doch in allen Beiträgen ein Ringen um eine Erklärung für das eigene, andere, „mathematische" Denken heraus. Natürlich kommt es gelegentlich zu Wiederholungen in einzelnen Beiträgen. Wir hoffen, Sie haben Verständnis dafür. Verstehen Sie diese Wiederholungen als besonders wichtige Aussagen!

Es ist im Buch viel von strukturellem Denken die Rede, von ganzheitlichen Sichten, von gewissen Abneigungen gegen das Standardisierte, das die klassischen Manager so lieben. Klarheit und Präzision nehmen unsere Autoren für sich in Anspruch, sie heben das Rationale und Konzeptionelle hervor und wollen unterstreichen, die Dinge in ihrer ganzen Komplexität und unter vielen Wechselwirkungen zu sehen. Mathematiker denken zum Beispiel bestimmt nicht „linear", jedenfalls nicht mehr nach dem zweiten Studiensemester. Viele verstehen, dass dieses ihr besonderes Denken von anderen nicht als wirklich überzeugend und eingängig begriffen wird. Es kommt für sie darauf an, die Ergebnisse des mathematischen Denkens auch kommunizieren zu können, was ein bisschen auf die Notwendigkeit einer Übersetzerfähigkeit hinauszulaufen scheint. Wenn man es mit dem populären Vorstellungsmodell der beiden verschiedenen Gehirnhälften des Menschen ausdrücken will: Rechthirnerkenntnisse müssen linkshirnverständlich ausdrückbar werden!

Lesen Sie also ein schillerndes Kaleidoskop um die Person der Mathematikerin und des Mathematikers und ihres bzw. seines Berufserfolgs in den oberen Führungsetagen. Sie werden verstehen! Und keine Bange vor Formeln! Es sind (fast) keine drin. Mathematische

gar nicht. Erfolgsformeln schon, und die werden Sie wohl schlucken wollen, egal ob Sie so leidenschaftliche Mathematiker sind wie wir oder ob Sie »in Mathe immer schlecht« waren. Die Erfolgsformeln sind: Lerne das Andere, die Welt der Tat, des Antriebs, der Hebel schätzen.
Wenn Sie als Leser nicht Mathematiker oder sogar Nicht-Mathematiker sind: Lassen Sie sich ein wenig für das Ganzheitliche und Konzipierende einnehmen. Werfen Sie als Wirtschaftler den Konzepten und Ansätzen nicht sofort mangelnde Umsetzbarkeit vor! Sehen Sie in Theorien nicht immer gleich das Praxisabgewandte, sondern verstehen Sie das Theoretische als sehr nützliche Basis für die Umsetzung. Implizit nehmen Sie es nämlich den Ideen gebenden Mathematikern übel, dass sie nicht gleich zu ihrer genialen Idee einen Umsetzungsplan für Sie beilegen.
Für die Umsetzung haben Sie selbst als „Wirtschaftler" das Haupttalent. Sie kennen Ihr Unternehmen am besten und Sie müssen mit den Ergebnissen leben. Also versuchen Sie es als der *Meister* einmal gut meinend *selbst*!

Im diesem Sinne soll dieses Buch einen Beitrag leisten, Verständnisräume zu öffnen und neue Freude an einer Zusammenarbeit zu schenken. Lassen Sie sich zum jeweils Anderen verführen!

Inhalt

Prof. Dr. Gunter Dueck

Gunter Dueck studierte von 1971-75 Mathematik und Betriebswirtschaft, promovierte 1977 an der Universität Bielefeld in Mathematik. Er forschte 10 Jahre mit seinem wissenschaftlichen Vater Rudolf Ahlswede zusammen, mit dem er 1990 den Prize Paper Award der IEEE Information Theory Society für eine neue Theorie der Nachrichtenidentifikation gewann.
Nach der Habilitation 1981 war er fünf Jahre Professor für Mathematik an der Universität Bielefeld und wechselte 1987 an das Wissenschaftliche Zentrum der IBM in Heidelberg. Dort gründete er eine große Arbeitsgruppe zur Lösung von industriellen Optimierungsproblemen und war maßgeblich am Aufbau des Data-Warehouse-Service-Geschäftes der IBM Deutschland beteiligt. Gunter Dueck ist IBM Distinguished Engineer, IEEE Fellow und Mitglied der IBM Academy of Technology. Er arbeitet an der technologischen Ausrichtung der IBM mit, an Strategiefragen und Cultural Change. Er ist Mitglied der Präsidien von GI und DMV (Gesellschaft für Informatik bzw. Deutsche Mathematiker-Vereinigung).

Er publizierte satirisch-philosophische Bücher über das Leben, die Menschen und Manager: „E-Man" (2. Aufl. 2002), „Die Beta-Inside Galaxie" und „Wild Duck" (3. Auflage 2003). Die ersten zwei Bände seiner ganz eigenen Philosophie erschienen unter den Titeln „Omnisophie: Über richtige, wahre und natürliche Menschen" (2002) und „Supramanie: Vom Pflichtmenschen zum Score-Man" (2003).

Der vorliegende Beitrag ist ein kurzes Exzerpt aus seinen Erfahrungen als Forscher und Manager, die er lange Zeit theoretisch (und heiter-satirisch, damit es jemand liest!) herauszuarbeiten suchte. Die populäre Hirnhälftentheorie gibt eine gute Vorstellung, warum der typische Manager und der typische Mathematiker anders denken und sich oft nur mühsam verstehen.

Über das Wahre und das Richtige

Management von rechts und links gesehen

Gunter Dueck

Sind Mathematiker als Manager geeignet? Sind sie gar die besseren Manager? Soll „mathematisch" entschieden werden? Brauchen wir Mathematik bei wichtigen Entscheidungen? Sogar „tiefe" Mathematik? Ich bin Manager und immer noch so etwas wie „Mathematiker" in Umfeldern, die Mathematik nutzen (Data Mining, Optimierung, Supply Chain Management, Customer Relationship Management). Ich habe also einige Erfahrung mit den obigen Fragestellungen. Sie gehen für mich ein wenig an der Sache vorbei.

Es geht im Alltag nur um gute Entscheidungen. Insbesondere nicht darum, Mathematik oder Mathematiker zu beurteilen oder zu rechtfertigen. Mathematik und Mathematiker leiden unter der allgemeinen zurückhaltenden Wahrnehmung ihrer selbst und wollen diese zurechtrücken. Sie zeigen begeistert Einzelglücksfälle der Berufszunft, wo nur furchtbar tiefe Mathematik dem Ganzen Sinn gab (Public Key Systeme der Verschlüsselung etwa werden so dargestellt, als ob ohne Zahlentheorie nie etwas geheim gehalten werden könnte.). »Ja, ja,« sagen die Menschen, »manchmal hilft Mathe«. Aber ihr Bild vom Elfenbeinturm bleibt. Und die, die zurechtgerückt werden sollten, lesen nicht dieses Buch? Es sollte um gutes Management gehen, nicht um Zurechtrücken. Ich versuche also hier, über Management zu schreiben, nicht über Mathematik.

Der Kern der Wahrheit ist auch nicht in der Mathematik, nicht im Mathematiker. Ich glaube nach nun dreijährigem Nachdenken über Managementstile und Persönlichkeit, dass das, was „Mathematikerartige" von „Betriebswirtschaftlerartigen" unterscheidet, im Umfeld von Gehirnnutzungspräferenzen und Persönlichkeitsstrukturen erklärt werden kann. Ich habe ein paar Bücher darüber geschrieben: ´"Wild Duck" und „E-Man", und dann „Omnisophie" und „Supramanie" als die ersten zwei Teile eines dreibändigen Systementwurfs. Ich versuche, hier in mehr Kürze Gedankenanstöße zu liefern. Mehr schaffe ich nicht auf ein paar Seiten.

In der Persönlichkeitstheorie und auch in der Gehirnforschung trifft man immer häufiger auf ein Phänomen, dass sich sehr vereinfacht so ausdrücken lässt: Der Mensch denkt mit seinen zwei Gehirnhälften verschieden. Die linke Hirnhälfte enthält das Sprachliche, das Fachwissen; sie denkt

sezierend, teilend, analytisch, in Strukturen, Zahlen, Regeln, Verhaltensweisen, Gesetzen, Bestimmungen, Organisation. Die rechte Gehirnhälfte enthält, sagt man, Bilder, Vorstellungen, Erlebnisse, Emotionen; sie denkt ganzheitlich, intuitiv, systemisch, aus dem Bauch heraus, aus dem Gefühl, sie hat einen Sinn für das Zusammenwirken ganzer Systeme.
Alles Folgende ist nun unter der Annahme geschrieben, dass dies so ist. Punkt. Ich bin fest überzeugt, dass es mindestens im Endeffekt so ist, wie und wo und wie groß die „Hälften" auch immer sind. Im Internet lohnt sich sonst eine Surfreise unter „left right brain thinking".
»Wer Gänseschmalz isst, bekommt Pickel.« Das weiß das Links und hält sich dran. (Es ist von zehn Leuten gewarnt worden.). Das Rechts hört so eine These fair und neutral an und isst Gänseschmalz bis zu Pickeln oder zum Verwerfen der These. Das Links speichert Organisation und Struktur und „Wer wird Millionär?"-Details in einem (so stelle ich es mir vor) Windows File System ab, in Festplatten, Ordnern, Unterordnern, Unterunterordnern. Alles wie in einer Bibliothek, ohne emotionale Wertung. Dort steht »Die Hauptstadt von Frankreich ist Paris« genau so emotionslos wie »Anzahl geplanter Entlassungen: 1000. Morgen kurz bekannt geben.« Rechts sieht es in meiner mathematischen Vorstellung wie ein Neuronengewirr aus, ein großes Knäuel wie ein Neuronales Netz. Es verarbeitet Information, die als Input hineingeschaufelt wird. Das Neuronale Netz übt mit den Inputs Erkennen. Es vervollständigt Sichten des Ganzen. Von allen Seiten. Wir selbst haben keinen Einblick dort mitten hinein, die „Wahrheiten" dort sind nicht fassbar, nicht abrufbar. Sie flackern als Ideen oder Erkenntnisblitze, als Gefühle hervor. Sie manifestieren sich als feste Gewissheiten, die aber nicht begründet werden können. Das System dieses intuitiven Kerns ist also nicht wirklich zugänglich, weil der Kern eben das Ganze ist. Das Ganze aber ist nicht in Gedanken oder Sätzen fassbar. Ein intuitives Urteil „aus dem Bauch heraus" ist eine Antwort „des Ganzen in uns" auf eine spezielle Frage.
Das Links beantwortet Fragen mit logischen Untersuchungen, Axiomen, sauberen Voraussetzungen, Regelanwendungen, Schlussfolgerungen, unter fortdauerndem Abgriff gespeicherten Wissens. Das Rechts weiß oder fühlt.
C. G. Jung hat in seinem Klassiker „Psychologische Typen" (1920) den Unterschied zwischen zwei Arten von Menschen, den Intuitiven und den „Empfindenden", Wahrnehmenden herausgearbeitet. Heute heißen die beiden Seiten im Amerikanischen „Intuitives" und „Sensors". Intuitive vertrauen auf das, was das Innere sagt. Sensors „glauben, was sie sehen". Es gibt viele Punkte im Leben, in dem das analytisch-praktische Denken, das Linke, und das ganzheitlich-intuitive, das Rechte aufeinanderprallen. Die Philosophen glauben an das göttliche Licht oder die Platonsche Idee;

oder sie bezeichnen sich als Empiristen und bauen Systeme. Politiker sind Idealisten oder Pragmatiker. Mönche widmen sich dem heiligen Glauben mit Hingabe, Priester ordnen das System der Kirche. Manche Lehrer verstehen sich als Vertreter eines Schulsystems, das jungen Menschen Ordnung beibringt und die linke Gehirnhälfte befüllt; andere sehen sich idealistisch als Knospenbildner für die Persönlichkeitsentwicklung. („Zur Disziplin erziehen" versus „zur Liebe anhalten".). Es gibt Mathematiker, die nur in Vorstellungen und Bildern schwelgen; es gibt andere, die Mathematik wie einen Regelkanon oder eine Riesenwerkzeugkiste meisterlich beherrschen. Es gibt Manager, die mit Visionen, Ideen, Zukunftsvorstellungen agieren und solche, die Zahlenwerke analysieren und Befehle erteilen und Systeme kontrollieren. Es gibt Ärzte, die unter der Berufung auf Heilung arbeiten; es gibt Ärzte, die wie reine Forscher oder Technologen erscheinen; es gibt Ärzte, denen das Handwerk als solches Spaß macht (Chirurgen). Bach komponiert ordentliche, gewaltige Tonbauten, streng. Mozart komponiert „etwas", ja was? Das Wunderbare. Es gibt Maler, die genau die Natur „künstlich fein" nachbilden und solche, die einem Ruf aus dem Inneren bildhaften Ausdruck verleihen. Es gibt Studenten, die für das Leben lernen (»irgendwann brauche ich es, sagte man mir«) und es gibt solche, die es aus Interesse und Leidenschaft tun. Bildungsfachleute fordern eine eminente Breite der Bildung, die auf jedes Leben gut vorbereitet ist. Andere derselben Zunft predigen Tiefe in einigen Fächern, Problemlösungsfähigkeit und „vernetztes Denken". Vernetztes Denken? Rechts. Wohl organisierte Breite: Links. Manager tragen in bewegten, motivierenden Reden vor („story telling") oder sie gehen Zahlentabellen Schritt für Schritt durch.

Ich will sagen: Es gibt zwei Arten von Menschen. Die erste Art („Links") präferiert das analytisch-praktische Denken. Die zweite Art verlässt sich im Zweifel auf die Intuition. Die erste Art braucht logische, schlüssige Begründungen für alles, die zweite nicht. Sie weiß oder fühlt. Es gibt nicht wirklich ermutigende Gründe, sich auf beides gleichmäßig oft oder gleichzeitig zu berufen, verstehen Sie? Ich werde das so oft von Zweiflern gefragt. Die meisten Menschen werden das nicht fertig bringen, manchmal alles genau begründen zu wollen und manchmal einfach der inneren Stimme zu vertrauen. Für die meisten von uns gilt: Entweder-Oder.

Ich möchte hier den Menschen, der „links" denkt, praktisch-analytisch, den „richtigen Menschen" nennen. Der intuitive Mensch dagegen fühlt sich wie der „wahre Mensch". Der richtige Mensch handelt richtig, nach allen Regeln der Kunst. Der wahre Mensch fühlt sich mehr der Idee oder dem Ideal verpflichtet als einer regelgefesselten widerspruchsvollen Wirklichkeit. Der richtige Mensch greift Afghanistan an, weil „man" etwas tun muss, wenn „man" angegriffen wird. Der wahre Mensch würde wollen, dem wahren Problem an die Wurzel zu gehen, und die mag etwa in Palästina beginnen.

Hoffentlich habe ich Sie bei meinem Ausflug in die spekulativen Höhen nicht verloren. Als wahrer Mensch könnten Sie noch die Idee von Links und Rechts zögernd bestaunen oder ihr den Eingang in Ihr Herz verwehren. Wenn Sie ein richtiger Mensch sind, werden Sie vielleicht sagen: »Das klingt gut, beweist aber nichts. Ich glaube nur, was ich sehe.«
Sehen Sie, ich erlebe im Management meistens die „richtigen" Menschen. Und die möchten gerne, dass das neue Wissen um die zwei Arten von Menschen in Zahlen präsentiert wird, damit es in der linken Hälfte einen Platz im Filesystem bekommen kann. Hier kommen also Zahlen.

Nach C. G. Jungs Theorien sind Tests designed worden, mit denen bestimmte Eigenschaften des Menschen gemessen werden können. Der bekannteste dieser Tests heißt MBTI (der nach den beiden Entwicklerinnen Myers und Briggs benannte „Type Indicator"). Diesem Test haben sich schon mehrere Millionen Amerikaner unterzogen, es gibt viele Statistiken. Einen ähnlichen Test hat David Keirsey entwickelt. Diesen Test können Sie jetzt, am besten jetzt sofort, im Internet unter www.keirsey.com ablegen. Er will herausfinden, wo sich Ihre Persönlichkeit zwischen vier verschiedenen Polpaaren bewegt: Sind Sie mehr extrovertiert oder introvertiert? Sensor oder Intuitiver? Denkend oder Fühlend? Planend oder Impulsiv-Flexibel?
Ich selbst bin intuitiv, also ein „wahrer" Mensch, der Visionen und Ideen folgt. Wenn Sie also merken, dass ich schwach parteiisch schreibe – nehmen Sie es gelassen hin, bitte. Das Wahre muss nicht das Richtige sein. Das werden Sie mir sagen, wenn Sie „links" denken. Und ich finde: Das Richtige ist nicht das Wahre. Das Wahre ist das Richtige.
Man schätzt allgemein, weil Vollerhebungen fehlen, dass es etwa 75 Prozent Sensors und 25 Prozent Intuitive gibt. Neben mir liegt ein gewichtiger „Atlas of Type Tables" (Macdaid, McCaulley, Kainz), den es bei Amazon.com gibt. Knapp 600 Seiten Typenaufstellungen für verschiedene Berufsgruppen. Ein paar pauschale Angaben daraus, ganz über den Daumen für diesen Artikel: Zwei Drittel der Psychologen, Soziologen, Informatiker, Journalisten, Künstler, Photographen, Musiker, Komponisten, Architekten sind Intuitive. Zwei Drittel aller Manager, Bankangestellten, Anwälte, Polizisten sind Sensors. Studien sagen, dass etwa zwei Drittel der Lehrer in höheren Schulen Sensors sind (während die Grundschullehrer/Kindergarten-Erzieher „Feeling" sind, halb links, halb rechts; denn in der Jugend werden wir noch geliebt!!). Hohe Offiziere oder Schuldirektoren sind zu zwei Drittel Sensors.

Die Zahlen sagen also, dass die Vorgesetztenetagen Sensor-dominiert sind, wohin wir auch schauen. Die Berufe mit dem „Künstler-Touch", in denen Ordnung nicht als das halbe Leben aufgefasst wird, sind von Intuitiven beherrscht. Im Atlas finde ich: ca. 60 Prozent (stark von der Schule abhängig) der Freshers oder Freshmen (Erstsemester) sind Sensors. Aber da sind Tafeln dieser Art: 67 Prozent einer untersuchten Gruppe von „Gifted High School Seniors", 76 Prozent von „Phi Beta Kappa", 76 Prozent von 793 untersuchten „High School Students in Florida Future Scientist Program", 82 Prozent von 1001 untersuchten „National Merit Scholarship Finalists" und 92 Prozent von 71 „Rhodes Scholars" sind Intuitive. (Keine Tafel für Mathematiker, Verzeihung!).
Ich habe dafür ca. 400 IBMer überredet, den Test zu machen: ca. 70 Prozent unserer Techies der IBM Deutschland sind Intuitive. Das Management ist (ich habe nur Zahlenanhalte, keine echte Stichprobe) von Sensors beherrscht. Ich habe in meiner Kolumne beim Informatik-Spektrum (Springer-Verlag) aufgerufen, den Test zu absolvieren. Ich bekam 200 völlig unrepräsentative E-Mails: 76 Prozent Intuitive. Es antworteten 13 Mathematiker. Drei waren Sensors der Untersorte „introvertierter Controller", die anderen waren Intuitive. Alle (!!) 13 waren introvertiert.
Sensors sehen in einer Karriere das Richtige, Intuitive in fachlicher Erkenntnis oder in hingebender Liebe an eine Idee das Wahre. Sensors werden Vorgesetzte, Intuitive Gurus. Sensors handeln und kämpfen, Intuitive wissen und lieben.

Im Management gelten die Gesetze der Sensors, weil die eine überwältigende Mehrheit haben. Lächeln Sie nicht: in einem Parlament sind einhundert Jahre Zwei-Drittel-Mehrheit absolut ausreichend, um die ganze Landeskultur zu prägen. Denken Sie an den latenten Unterschied zwischen Deutschland und Bayern. Im Management war seit jeher die Mehrheit bei den Sensors. Intuitive Manager sind die machtvollen Entrepreneurs (SAP) oder die New Economy Fürsten wie Bill Gates. Sie sind Stars im Management, aber nicht in der Mehrheit, die die Kultur bildet. Alles Controlling, die Bilanzierung, die Wirtschaftsgesetzgebung, die Regeln des Wettbewerbs und des Handels, alles am Wirtschaftssystem außer vielleicht der Forderung nach „Freiheit" ist von Sensors erfunden. Microsoft Powerpoint ist ein Sensor-Werkzeug. Intuitive nutzen Mindmanager und Mindmaps, aber nur privat. Offiziell gilt: IBM Lotus Freelance oder Powerpoint. Excel ist Sensor pur. Wenn Intuitive Manager sind, müssen sie sich mit Excel-Tabellen artikulieren. Da wirken sie unter Umständen schrecklich. Sensors schreiben alles in Listen auf: An Tafeln, in Aktionspunkten, auf Flipcharts; sie führen dicke Protokollbücher und sichern alle E-mails durch .cc's ab. Ich kann hier Seiten lang „aufzählen", was Sensors alles in

Sheets, Listen und Organizational Charts packen. So denken und reden sie. „Links".
Die Intuitiven müssen also, wenn sie als Manager bestehen wollen, „links" wie eine Fremdsprache lernen. Davon hängt sehr viel ab. Sie müssen Links mit links überzeugen.

Mathematiker können oft „links". Dann mögen sie gute Führungskräfte sein (können). Darf ich eine ketzerische Idee loswerden? Mathematische Forschung ist „rechts": Ideen sprudeln bei Spaziergängen, unter der Dusche, im Halbtraum, im Halbschlaf. Sie kommen als Bilder, verschwimmen. Ich habe oft im Schlaf bahnbrechende Erfindungen gemacht. Ich habe sie vor dem Wiedereinschlafen mehrmals wiederholt, zum Links hineingeworfen. Am Morgen: vergessen. Ärger total. Ich habe einen Einkaufszettel da liegen. Ich schreibe jetzt im Dunkeln einfach auf. Kein Licht, ich will ja schlafen. Morgens steht da: Unsinn, aber manchmal ist eine wundervolle Ideenblüte da, krakelig, im Dunkeln. Irgendwann einmal *weiss* ich. Wenn ich *weiss*, rechts, intuitiv, habe ich verstanden! Dann ist das Beweisen nur Technik. Das Finden der Idee im Dunkeln ist Mathematik und das strahlende Licht ist Glück. Es ist die Erkenntnis. Rechts ist das Licht. Wenn ich das Licht sah, muss ich leider noch eine doofe Arbeit darüber schreiben. Leider! Sie wissen, warum? Beweisen ist „links". Der Beweis ist etwas Unmathematisch-Künstliches aus der linken Gehirnhälfte, der eine Lichtidee in dröge, blöde Formeln packt. Die Sensors haben es irgendwie geschafft, dass die armen Mathematiker selbst die Arbeiten und das Beweisen mit Licht verwechseln und also das Beweisen, das Exakte, das Genaue an der Mathematik bewundern. Hey, das ist der falsche Weg! Die Sensors können Licht nur in Formeln sehen! Die Sensors bewundern Mathematiker, weil sie Licht in Formeln verwandeln können! Aber wir! Wir! Die Mathematiker dürfen diese Bewunderung nicht in uns hineinnehmen, weil das Beweisen nur die Kunst ist, Licht in die Fremdsprache „links" zu übersetzen. Wir sind aber Schöpfer, nicht Übersetzer!

Wenn aber Mathematiker Manager werden, müssen sie Licht unbedingt in Sensordenken übersetzen können. Denn in den Führungsetagen ist die Amtssprache bzw. das Amtsdenken „links". Es hilft fast nichts, als Mathematiker in Firmen zu gehen, die „rechts" denken, also wie die New Economy Firmen „intuitiv" sind. Denn die Kunden dieser Firma sind wieder Sensors! Mathematiker, insbesondere die lichtvollen, kommen also um diese „Sensor"-Fremdsprache nicht herum. Die lauen Formulierungen der Bewerbungshandbücher sind furchtbar: »Mathematiker sollen gut kommunizieren können.« Das ist ganz falsch in der Richtung und in der Bedeutung.

Der Mathematiker muss zeigen, dass das Wahre richtig ist.
Das ist die Aufgabe, nichts weniger. Sonst sagen die Sensors, dass etwas mit dem Mathematiker nicht richtig ist. Glauben Sie mir, das ist echt wahr.
Wenn Mathematiker beidhirnig denken und argumentieren können, haben sie eine große Chance. Das ist doch klar? Es gibt doch herausragende Beispiele von solchen. Nicht so viele natürlich. Denn das Hauptproblem ist: Wo lernen wir Mathematiker „Sensor"? Wie lehren wir in dieser Auffassungswelt das Wahre, das uns am Herzen liegt?
Die enorme Schwere des Problems liegt im Unterschied zwischen dem Wahren und dem Richtigen: das Richtige ist leicht auszudrücken. Das Richtige ist wie ein Gesetz, ein Prospekt, eine Hausordnung. Es ist konkret sensorisch da. Es ist in Einheiten messbar und existiert.
Eines der wichtigsten Axiome der linken Gehirnhälfte ist:
»What you can't measure, you can't manage.«

Das heißt: Im Management existieren Dinge praktisch nicht, die nicht gemessen werden können. In manchen Firmen muss extra das Image der Firma in Punkten gemessen werden, damit eine Abteilung am Image arbeiten kann. Wie sollen wir feststellen, ob das Image steigt? Wie steigt? Wohin steigt? Das muss konkret fassbar sein!
Viele Mathematiker sehen mit ihrer rechten Gehirnhälfte, dass am besten gearbeitet wird, wenn Arbeit Spaß macht, wenn das Klima gut ist, wenn ein Teamgeist im Raume ist, wenn Manager verstehen und verständnisvoll sind, wenn gelernt wird, wenn Freundschaft herrscht und Gemeinsamkeit, wenn jeder Mitarbeiter seine Kinder kennt, wenn die Fähigkeiten und die Persönlichkeit wachsen, wenn – wenn – wenn ... Dann sagen die Sensors: »Quantifizieren Sie den Impact, dann reden wir darüber.« Also: »Zeigen Sie mir in meiner Sprache, dass solche Dinge gemanagt werden können, indem Sie sie messbar machen und mir dann an Hand von Rechenbeispielen beweisen, dass nach der Umsetzung Ihrer Vorschläge eine bessere Welt entstünde. Ich selbst glaube nicht, dass man Teamgeist befehlen kann. Ich habe es schon mehrmals getan. Aus irgendeinem Grund sträuben sich alle.«
Da stöhnen die Mathematiker und ringen die Hände! »Niemand beachtet das Nichtmaterielle, das Ewige, Heilige, das Langfristige. Was ist das für eine Firma, in der ... (... ich mich nicht verständlich machen kann).«
Der Mathematiker muss natürlich nicht klagen, sondern Zahlen herbeibringen, die belegen, dass 2 Prozent weniger Mitarbeiter kündigen, wenn ihr Teamindex um 5 Punkte höher geschraubt werden kann. Das spart dann folglich 0,9 Prozent vom Umsatz. Das versteht man mit rechts und links.

Intuitive hassen das, weil es ungefähr richtig ist, aber nicht „wahr". Dann haben sie ein Managementproblem. Intuitive hassen den Teamindex, weil er nicht wahr ist. Der Teamindex hat als Zahl keinen Ankerpunkt in ihrem rechts liegenden Neuronalen Netz. Er kann nicht als emotionale Größe gefühlt werden.

Fazit: Der wahre Unterschied zwischen den Menschen ist der zwischen dem Richtigen der linken Gehirnhälfte und dem Wahren der rechten. Das Richtige gilt (weil es in der menschlichen Mehrheitsposition ist) als das Normale. Das Wahre muss sich rechtfertigen. Die meisten Mathematiker, soweit sie also Intuitive sind, stehen an diesem Zwiespalt wie an einer Schlucht, die sie hin zum Normalen überwinden müssen. Leider ist fast niemandem in der Gesellschaft klar, wie tief diese Schlucht ist. Die richtigen Menschen halten das Nicht-Normale für unnormal und damit die Intuitiven für „Künstler", »die eben anders sind, was aber sie selbst zu verantworten haben.«
So liebt die Welt das Wahre, tut aber das Richtige.
Sie liebt Harry Potter, den Aufschrei der Liebe gegenüber dem exzessiv Richtigen und Erfolgssüchtigen (dem „Muggel"-Menschen, das ist einer, der nicht zaubern kann, bzw. der überzogen bürgerlich-sensorisch ist). Im Leben aber und im Management zählt die Note, die Zensur, die nackte Zahl.
Die Mathematiker werden oft glauben gemacht, sie seien Hüter der Zahl. »Mathematiker können gut rechnen!« Schreckliche Ironie des Intuitiven.

Dr. Peter Zencke

Dr. Peter Zencke ist seit 1993 Mitglied des Vorstands der SAP AG. Sein Verantwortungsbereich umfasst die Entwicklung von Lösungen zur Pflege von Kundenbeziehungen (mySAP Customer Relationship Management) und mobilen Anwendungen (mySAP Mobile Business), die Leitung des Bereichs Corporate Research sowie die Koordination der weltweiten SAP Labs Forschungs- und Entwicklungszentren.

Zencke trat 1984 der SAP bei und war zunächst für Systemanalyse, Beratung und Schulung zuständig. Von 1988 bis 1992 war er Leiter der Anwendungsentwicklung für das Projekt R/3, der Neuentwicklung der Client-Server Generation der SAP. Danach war er als Entwicklungsvorstand verantwortlich für den Anwendungsbereich Logistik und den Aufbau diverser Industrielösungen. Zusätzlich verantwortete er den Aufbau der Region Asia Pacific der SAP.

Als promovierter Mathematiker begann Zencke seine berufliche Laufbahn in der akademischen Forschung und Lehre. Er studierte Mathematik und Volkswirtschaft an der Universität Bonn, wo er Mitglied des Sonderforschungsbereich Optimierung war und1980 in mathematischer Modellierung und numerischer Optimierung promovierte. 1982 wurde er von der Universität Trier zum Assistenzprofessor berufen, gestaltete dort den Neuaufbau eines Studienganges für Wirtschaftsmathematik und hielt, bis zu seinem Einstieg bei SAP, Vorlesungen und Seminare zur Optimierung, Operation Research und zur Betriebswirtschaft.

In seinem Beitrag gibt Peter Zencke seiner Überzeugung Ausdruck, dass Mehrfachbegabungen notwendig seien, wenn man das, was in der Mathematik oder in der Abstraktion steckt, im Management fruchtbar machen möchte. Diese Komponente sei bisher in ihrer Wichtigkeit vernachlässigt worden.
Zu diesen Begabungen zählen in erster Linie Organisationsvermögen, sowie eine starke emotionale Intelligenz, die zu zwischenmenschlicher Interaktion und Kommunikation genutzt wird.
Schließlich gibt es eine dritte Begabung, gewissermaßen die mathematische, nämlich die Fähigkeit, Strukturen erkennen und auch entwickeln zu können, um darauf dann die Dinge einzuordnen.

Die drei Begabungen des Managers

Peter Zencke

Abstraktes kommunizieren

Wenn ich mich frage, welche Begabungen im Management anzutreffen sind – sei es im Management großer Firmen , sei es im Führen kleiner Teams oder in Organisationen schlechthin - , dann sehe ich drei, die ich für besonders wichtig halte:
Erstens – es gibt Leute mit einer starken emotionalen Intelligenz, die sehr direkt vom Eindruck und vom Ausdruck geprägt sind. Sie haben ihre Stärke in der zwischenmenschlichen Interaktion und Kommunikation.
Diese Begabungsform hat eine kreativ-unternehmerische Komponente, und ist, wenn ich unser SAP-Umfeld nehme, stark ausgeprägt bei erfolgreichen Vertriebsmitarbeitern. Sie nehmen situativ Dinge wahr, die für andere nicht auf den ersten Blick erkennbar sind. Sie nehmen all das spontan auf, was wichtig ist, um eine Situation mit ihren Chancen und Risiken richtig einschätzen zu können. Dazu zählt das emotionale Umfeld, die Mimik und Gestik von Menschen, denen sie gegenüberstehen.

Dann gibt es eine zweite Begabungsklasse, die ich als Organisationsvermögen umschreiben möchte. Auch hier spielt Kommunikation eine wesentliche Rolle, wobei sie sich auf eine Gemeinschaft bezieht und handlungsorientiert ist. Man kommuniziert also nicht einfach, um sich auszutauschen, sondern man kommuniziert, weil man gemeinsam etwas erreichen will, wozu man überzeugen, einen Weg finden und eine Durchführung organisieren muss. Das ist notwendig, um Dinge voran zu treiben.

Schließlich gibt es eine dritte Begabung, gewissermaßen die mathematische. Das ist der strukturelle Ansatz, also Strukturen erkennen zu können und darauf Einordnung zustande zu bekommen. Und dann auch Strukturen zu entwickeln.

Diese drei Begabungen oder Fähigkeiten sind nicht isoliert zu sehen, sondern sie bedingen oder korrigieren sich wechselseitig, entwickeln gemeinsam Synergien. Beispielsweise hat aus meiner Sicht das Erkennen von Strukturen etwas mit der Handlungsorientierung zu tun. Strukturieren heißt abtasten, ob etwas funktionieren kann.

Der rein strukturelle Ansatz hat allerdings auch eine Schwäche. Strukturbildung ist Vereinfachung, ist Abstraktion, und das bedeutet Dinge ausblenden, die zur Wirklichkeit gehören. Man unterliegt dann leicht der Versuchung, das Abstrahierte als die Wirklichkeit zu nehmen, sozusagen isoliert von der Frage, ob das wirklich das Problem löst, ob es wirklich hilfreich ist, so weit zu vereinfachen. Wenn ich abstrahiere und eine wunderschöne theoretische Lösung finde – ist diese Lösung auch praktikabel? Oder ist der Weg nicht viel zu lang, von der idealen theoretischen Welt wieder herunter zu kommen in die Praxis ? Wie groß ist die Kluft zwischen Strukturabbildung und Realität? Ein handlungsorientierter, pragmatischer Ansatz hilft, diese Kluft zu überwinden.

Mehrfachbegabungen sind notwendig, wenn man das, was in der Mathematik oder in der Abstraktion steckt, fruchtbar machen möchte. Diese Komponente ist bisher in ihrer Wichtigkeit vernachlässigt worden. So gibt es auch nur wenige Mathematiker mit der pädagogischen Begabung, schwierige Dinge so einfach und so einleuchtend darzustellen, dass sie auch von Nicht-Spezialisten verstanden werden. Diese großartige Begabung habe ich während meines Studiums der Mathematik in Bonn bei Prof. Hirzebruch kennen gelernt. Ihm gelang es in seinen Vorlesungen in vorzüglicher Weise, auch schwierigste Sachverhalte seinen Hörerinnen und Hörern verständlich zu machen.

Mathematik unterstützt Technik

Persönlich, glaube ich, haben mich zwei dieser drei Begabungen zu meinem Weg im Management der SAP befähigt. Zum einen bin ich sprachlich kommunikativ, und ich habe Freude an der Fähigkeit, mich in unterschiedlichen Umgebungen adäquat auszudrücken. So hatte ich schon während meines Studiums immer ausgeprägte Interessen jenseits der Mathematik. Literatur hat mich immer interessiert, ebenso Politik, Wirtschaft und Technik. Die Beschäftigung mit Mathematik war bei mir nie ausschließlich und schon gar nicht Selbstzweck. Hierbei spielte auch die Tatsache eine nicht geringe Rolle, dass ich mich seit jungen Jahren sehr mit Technik beschäftigt habe. Ich war immer technikbegeistert und habe von daher auch ein bisschen die Vorstellung mitgenommen, dass Mathematik ein Hilfsmittel ist für außerhalb der Mathematik liegende Anwendungsbereiche.

Heute komme ich in der beruflichen Praxis mit Fragen, die im Kern mathematische sind, so gut wie gar nicht mehr in Berührung. Aber meine mathematische Begabung äußert sich in der Fähigkeit, neue Strukturen entwickeln zu können auf einem großen Erfahrungsschatz ´gemerkter´ Strukturen. Vom Wert dieses strukturellen Gedächtnis wusste ich lange gar nichts. Mit der Zeit zeigte sich, dass ich Leuten sagen kann, »passt ´mal auf, dieses Problem haben wir schon einmal vor x Jahren gehabt. Da sah das ein bisschen anders aus und inzwischen sind wir so und so weit gekommen, aber es ist von gleicher Struktur.« Die Leute sind dann völlig erstaunt, welch ein Bombengedächtnis ich vermeintlich habe. Habe ich aber gar nicht, zumindest nicht generell. Ganz im Gegenteil, auf manch´ anderen Seiten habe ich ein ganz schlechtes Gedächtnis. Zum Beispiel kann ich mir kaum Namen merken. Vokabeln lernen war für mich früher eine ganz fürchterliche Sache, Rechtschreibung – ich war froh, als das Dilemma vorbei war!

Dieses doppelte Interesse, einerseits an mathematischen Strukturen, andererseits an Kommunikation über Wissensbereiche außerhalb der Mathematik, hat dazu geführt, dass die mathematische Forschung an der Universität nicht meine Bestimmung war. Mit der Gödelschen Erkenntnis etwa, dass die Grundlagen der Mathematik nicht aus sich selbst heraus gesichert sind[1], hat sich meine Interesse von der reinen Mathematik abgewandt. Dann ging mein Weg zunächst zur numerisch angewandten Mathematik. Dort wurde mir zunehmend bewusst, dass die angewandte Mathematik das Datenproblem der Anwendungen nicht innerhalb ihrer eigenen Forschungsorganisation lösen kann. Damit war der Schritt zum ´applied computing´ eingeleitet, und der hat letztlich zur SAP geführt und zu den Informationssystemen der Betriebswirtschaft.

Mathematiker, die mich am meisten beeindrucken, sind jene, die neue Anwendungssachverhalte aufnehmen und dabei teilweise das bekannte Instrumentarium auf dieses neue Umfeld übertragen, zum Teil aber auch ganz neue Instrumente schaffen, die man zuvor noch nicht kannte, die aber den neuen Fragestellungen angemessen sind. Und die dabei die Mathematik ganz pragmatisch sehen als ein Hilfsmittel für die Lösung von Problemen. Ich bewundere zum Beispiel so jemanden wie John von Neumann, der dies in der Entwicklung der Spieltheorie gezeigt hat, und der dabei einfach ein genialer und unglaublich kreativer Mensch war.

[1] Von dem österreichischen Mathematiker Kurt Gödel (1906 – 1972) stammt eine Vielzahl wichtiger Resultate zur Logik und zur Axiomatik der Mathematik.

Verstehen und verständlich machen – das Wechselspiel mit dem Kunden

Dieses Zusammenwirken von Kommunikation, Abstraktion und Technik kommt bei der SAP gerade in unserer zentralen Disziplin „Betriebswirtschaftliche Informationssysteme" zum Tragen. Im Gespräch mit unseren Kunden, im Gespräch mit Anwendern, geht es zunächst um das strukturelle Erfassen eines Problems. Wir müssen in einer ganz anderen Sprache verstehen, was das Problem des Kunden ist, um dessen Lösung es geht. In diesem Erfassen liegt bereits gewissermaßen die halbe Lösung. Wenn das Problem erst einmal beschrieben ist, dann ist die technische Frage der Realisierung der kleinere Teil.

Haben wir das Kundenproblem verstanden, bilden wir es auf eine abstrakte Ebene ab, ein Vorgang, den der Kunde nicht mehr verstehen kann und muss. Dabei können wir aber nicht stehen bleiben; es genügt nicht, eine Theorie oder einen Lösungsweg zu entwickeln, sondern wir müssen das, was letztendlich als algorithmische Lösung in der Software entsteht, wieder zurückspiegeln in die Welt des Anwenders. Es muss ihm in seiner Sprache vermittelt werden und ihm deutlich machen, dass es sein Problem löst. Es handelt sich also um einen zweiseitigen Prozess – Kunde - SAP – Kunde – sowohl auf der kommunikativen Ebene, als auch auf der Sachebene.

Hierbei kommt uns eine Eigenschaft von Software zustatten, die diese mit der Mathematik gemeinsam hat. In der Mathematik wie auch in der Software gilt, dass eine Lösung nachvollziehbar und wiederholbar ist. Es ist am Ende verifizierbar, ob das gefundene und implementierte Verfahren eine gute funktionierende Lösung ist.

Im Grunde ist Software nichts anderes als repliziertes Wissen. Sie ist eine einmal gefundene Lösung, die, in eine Struktur der Datenverarbeitung gebracht, als solche beliebig vervielfältigt werden kann und insofern vielen als Instrument zur Verfügung steht. Diese Replikation ist durch die absolute objektive Verifizierbarkeit jedes einzelnen Schrittes gesichert. Alles stimmt im Kleinen und letztendlich im Großen.

Software besitzt aber auch eine Eigenschaft, durch die sie sich von der Mathematik unterscheidet: Die Daten, mit der Software arbeitet, ihre Modellierung und ihre Beschaffung, sind Teil des Problems. Das zeigt sich zum Beispiel in den sogenannten Managementinformationssystemen.

Realtime-Management

Die erste Generation dieser Managementinformationssysteme vor fünfzehn, zwanzig Jahren hat in einem grandiosen Maß Schiffbruch erlitten. Wesentlich lag das an einem Datenproblem: die vorhandene Datenmenge hat nicht ausgereicht, das Geschehen in einer Firma adäquat wiederzugeben. Erst wenn Daten sozusagen völlig automatisch in das Umfeld hineinfließen und es die Verarbeitungsmethoden gestatten, die Ergebnisse auch sofort an den Entscheidungsort zurückfließen zu lassen, erst dann bietet sich überhaupt eine Chance.
Das ist ein bisschen wie bei der Wettervorhersage vor zwanzig Jahren. Damals wurden sehr dünne Daten für die Wettervorhersage dadurch gewonnen, dass man von ein paar hundert Schiffen auf den Ozeanen zweimal täglich Messungen schickte. Da nutzen auch die wunderbarsten Theorien, Differentialgleichungen, parallele Algorithmen oder was auch immer, nicht – man braucht sehr viel bessere und viel mehr Daten und natürlich Computer, die diese Datenmengen verarbeiten können.
Heute wird eine Wettervorhersage aus Daten erstellt, die durch Lasertechnik von Satelliten erhoben werden, die bis auf drei Zentimeter genau die Wellenkämme vermessen[2]. Die so gewonnenen Daten werden in Realtime verarbeitet, und die Prognosen erreichen die erstaunliche Verlässlichkeit, die wir heute kennen.

In ähnlicher Weise sind auch in der Betriebswirtschaft eine Realtime Datenintegration die Voraussetzung für brauchbare Ergebnisse. Erst wenn die Datenbasis der Informationssystemen die Wirklichkeit hinreichend genau und aktuell beschreibt – erst dann haben wir überhaupt eine Chance, daraus mit den zur Verfügung stehenden Modellierungs- und Simulationstechniken, statistischen Verfahren und Prognosetechniken etwas Vernünftiges zu machen.
Heute ist man aufgrund verbesserter Datenerhebung und -verarbeitung in der Lage, für strategische Steuerungstechniken (etwa Portfolioanalyse oder Performanceindikatoren) genügend Daten in Data Warehouses permanent bereit zu stellen. Man kann diese Daten realtime mit den transaktionalen Systemen zurückkoppeln und die Ergebnisse und Reaktionen wieder direkt an den Ort der Entscheidung zurückgeben. So ist man heute in der Lage, für die Steuerung einer Firma wirksame Controllinginstrumente einzusetzen und dem Management die notwendigen Entscheidungshilfen zu geben.
Heute haben Simulations- und Optimierungstechniken und statistische Verfahren in einem viel stärkeren Maß Einzug in die Betriebswirtschaft

[2] Dieses Beispiel verdanke ich einer Diskussion mit Hasso Plattner

gehalten haben, als das noch vor zehn Jahren denkbar war. Trotzdem sollte man mit der Automatisierung von Entscheidungen zurückhaltend sein. In vielen Fällen reicht es überhaupt erst einmal, rechtzeitig zu alarmieren: Achtung, da ist ein Problem! Achtung, wenn das so weiter geht, dann entsteht ein Problem! Du solltest besser jetzt reagieren!
Es sind weniger großartige Modelle, die man dafür braucht, als vielmehr einfache eingebettete Entscheidungs-, Transparenz- oder Darstellungshilfen.

Was wir vom Fahrradfahrer lernen können

Eine auf einem soliden Datenfundament beruhende Datenintegration ermöglicht nicht nur ein umfassendes realtime Controlling im Unternehmen, sondern ist auch die Grundlage für selbst-anpassende Prozesse. So lassen sich Prozessabläufe permanent regulieren.
Früher wurden Prozesse einmal in einem Prozess-Reengineering festgelegt und implementiert, und liefen dann statisch bis zum nächsten großen Umbau. Oft haben die Umbauten so lange gedauert, dass die Implementierung durch die Wirklichkeit schon wieder überholt war.
Viel besser sind Prozesse, die sich selbst steuern, die sich jeder Zeit an die jeweilige Situation anpassen. Man denke an das einfache Bild des Fahrradfahrers. Der Fahrradfahrer steuert sich mit kleinen Lenkbewegungen intuitiv ständig selbst, bleibt durch seine kontinuierliche Bewegung stabil und kommt so sicher seinem Ziel näher. Was nützt es, wenn Sie die geraden Strecken besonders schnell fahren, um dann vor jeder leichten Kurve abrupt abbremsen und gegensteuern zu müssen, weil Sie sonst in die Leitplanke oder in den Gegenverkehr fahren?
Gefragt sind Anpassbarkeit und die dazugehörigen entscheidungsfähigen Menschen, denen in den Prozessen die Möglichkeit des steuernden Eingriffs gegeben ist. Dabei haben Regelungstheorie, Steuerungstheorie, Kontrolltheorie und andere Methoden, die von einer intelligenten Datenintegration und leistungsfähigen Rechnern profitieren, aufs Neue eine Chance. Diese Methoden sind aus meiner Sicht zu sehr vergessen worden. Denn Firmen sind komplexe Systeme, und Managemententscheidungen sind oft Entscheidungen bei sehr unvollständigem Wissen. Statt der Optimierung einzelner Ziele geht es um die Steuerung des Gesamtsystems Firma. Es könnte sich lohnen, das Thema Kybernetik und Computer für die Betriebswirtschaft noch einmal neu zu stellen.
Auch hier kann der Fahrradfahrer noch einmal als Beispiel dienen. Er optimiert ja nicht einzelne Parameter, sondern er behält alle wesentlichen Parameter – Geschwindigkeit, Zielrichtung, Position, Straßenoberfläche,

Gegenverkehr, Wetterbedingungen ... – gleichzeitig im Auge und stimmt sein Verhalten variabel auf sie ab. Was er dazu braucht? Technik, Erfahrung, Reaktionsfähigkeit, Beobachtungsgabe, Kraft, Ausdauer – und ein Ziel!

Die Begabung des Unternehmens

Der Typus eines Unternehmers oder eines Managers, der in juristischen oder verwaltungstechnischen Rahmenbedingungen gedacht hat, ist inzwischen abgelöst worden. Solche Bewältigungsstrategien oder Managementstile sind unter relativ konstanten Bedingungen angemessen und vielleicht „am besten". Heute aber gilt es, in wirtschaftlichen Turbulenzzeiten zu bestehen. Unternehmen, die heute erfolgreich sein wollen, benötigen ein Management, das die Umwelt, das Umfeld, die Wettbewerbsbedingungen des Unternehmens ständig beobachtet und richtig beurteilt, ein Management, das die eigene Position gegenüber diesen Daten und Urteilen reflektiert und sukzessive anpasst.
Damit kommen wir auf meinen Ausgangspunkt mit den drei Begabungen zurück. Im Grunde kann es sich heute ein Unternehmen nicht wirklich leisten, nicht auf alle diese drei Begabungen zurückgreifen zu können.
Es kann nur Erfolg haben, wenn es die schwierige Interaktion von Intuition, Zurückzuspiegeln in Abstraktion und der Kommunikation im Unternehmen und mit den Kunden beherrscht.

Das Spannende in jedem Unternehmen, wenn es denn wirklich unternehmerisch ist, besteht darin, Kreativität zu erwecken, zu erhalten, in neue Bereiche zu lenken und dadurch auch Erfolg zu sichern. Wer vergisst, dass es die Kreativität der eigenen Mannschaft ist, die maßgeblich am Erfolg des Unternehmens beteiligt ist, kann leicht die Zukunft verspielen.
Dabei ist es wichtig, dass nicht nur Managementbegabungen zum Zuge kommen. Es ist keineswegs unser Ziel, jeden im Unternehmen zu einem Manager zu machen. Es gibt bei uns begnadete Entwickler, die nie und nimmer gute Manager werden oder wären. Genau die sind auch nie und nimmer gute Darsteller, Verkäufer oder Vermittler einem Kunden gegenüber.
Eine Firma wie SAP, mit ihren vielen individuellen Begabungen und Fähigkeiten, tut gut daran, diese Begabungen zusammenzuführen und nicht zu „streamlinen". Es geht nämlich um die Begabung des Unternehmens insgesamt. Das Unternehmen ist um so mehr begabt, je besser es uns gelingt, diese verschiedenen Facetten und Wahrnehmungsformen in pro-

duktiver Weise zusammenzufügen. Wenn es hier also nur Mathematiker gäbe, dann wäre es sicher kein gutes Unternehmen. In der geförderten und koordinierten Vielfalt liegt unsere Stärke. Unternehmerische Spitzenleistung ergibt sich, wenn viele persönlich „Spitze“ sind, und wenn alle zusammen als Team mit einem Ziel spielen. Immer besser spielen.

Dr. Mario Daberkow

Mario Daberkow wurde an der Universität Düsseldorf zum Diplom-Mathematiker ausgebildet. Anschließend hat er an der TU-Berlin im Bereich Zahlentheorie promoviert. Vor seinem Eintritt in die Privatwirtschaft war er wissenschaftlich an den Universitäten Berlin und Berkeley tätig. In der Zeit von Ende 1996 bis 2001 war er als Berater bei McKinsey & Company beschäftigt, wobei er fast ausschließlich Banken in den Bereichen IT und Operations beriet.

Anfang 2002 trat Mario Daberkow, zweiunddreißig Jahre jung, als Bereichsleiter Bankenorganisation in die Deutsche Postbank ein. In dieser Funktion verantwortet er unter anderem die Steuerung der Operationseinheiten der Postbank.

In seinem Beitrag stellt Dr. Daberkow anhand von fünf Beispielen dar, wie sich mathematische Prinzipien sinnvoll in der von ihm ausgeübten Managementfunktion anwenden lassen.

Fünf Gebote für´s Management

Mario Daberkow

Es gibt in der Mathematik Prinzipien, die sich als Handlungsgebote sehr gut im Management anwenden lassen. In meiner Tätigkeit bei der Postbank profitiere ich ganz besonders von den folgenden fünf.

1. Überlege Dir gut, ob Du Ausnahmen machst!

Es gibt in der Mathematik und auch im täglichen Leben den Begriff der Stetigkeit. In der Mathematik heißt eine Funktion – anschaulich gesprochen – stetig, wenn ihr Funktionsgraph keine Sprungstellen aufweist. Wir kennen das aus der Schule; zum Beispiel sind Polynome wie x^2 stetig. Ausnahmen gibt es nicht – eine Funktion ist entweder stetig oder sie ist es eben nicht.

In der Wirtschaft findet man immer wieder Leute, die sagen, »eigentlich wollten wir ja stetig wachsen, aber in diesem Jahr haben wir einen Umsatzeinbruch hinnehmen müssen – Sie wissen ja, die Weltkonjunktur! – da ist die Wachstumskurve nicht mehr ganz stetig, aber es fällt nicht so sehr auf, lassen wir es noch als stetig gelten!« Und dann kommt der nächste Experte daher und sagt: »Wenn Ihr *das* durchgehen lasst, dann müsst ihr aber analog auch dieses andere durchgehen lassen!«
Derart analoges Verhalten oder Argumentieren kann man sehr konsequent fortsetzen. Wenn Sie jedoch erst einmal eine Ausnahme zugelassen haben, dann finden die Menschen tausend Begründungen, weshalb dieses und jenes jetzt nun auch als Ausnahmen zugelassen werden muss. Das Ganze gerät dann leicht außer Kontrolle. Ich seh´ das ja auch im Unternehmen – wenn Sie einmal anfangen, faule Kompromisse zu schließen, dann werden Sie immer von diesen wieder eingeholt. Immer wieder.

In der Mathematik würde man niemals sagen, Stetigkeit heißt so und so, aber so einen ganz kleinen Sprung, solch eine (vermeintlich) kleine Ausnahme darf es doch geben! Wenn jemand sagte, »na gut, ich habe zwar definiert, was stetig ist, aber diese Funktion ist noch „ganz gut", die lassen wir jetzt noch gerade so als stetig durchgehen, obwohl sie es im strengen Sinne nicht ist«, dann würde derjenige sehr schnell Schiffbruch erleiden.

Es kommt leider öfter vor – so ist die Welt des Realen – dass die eigenen Festlegungen und Richtlinien, also die Definitionen, die man für das Unternehmen getroffen hat, zu rigide waren. So rigide, dass sich nach ihnen nicht arbeiten und nicht wirklich leben lässt. Um das Beispiel Stetigkeit aufzugreifen – ursprünglich wollten wir stetig sein, sind es aber dann nicht, schaffen es einfach nicht. Da müssen wir dann wohl doch in einem bestimmten kleinen Kanal um exakte Stetigkeit herum gehen, d. h. gewisse kleine Abweichungen von der exakten Definition zulassen. So kann es noch funktionieren. Dann haben wir wieder eindeutige Verhältnisse; wir können dann sauber sagen, wir haben dieses Ziel, das wir uns gesteckt haben, erreicht und haben nicht angefangen, alles aufzudröseln.

2. Erkenne die Struktur des Ganzen!

Mathematik ist für mich eine Strukturwissenschaft. Da geht es darum, Zusammenhänge zu verstehen und zu erkennen, welche Konsequenzen sich ableiten, welche Strukturen eigentlich das größere Ganze zusammenhalten. Es gibt ja diesen klassischen Ausspruch von Weierstraß[1], »um Funktionen im Reellen zu verstehen, muss man sie im Komplexen betrachtet haben«, also gewissermaßen unter einem erweiterten Blickwinkel. Dahinter steckt für mich ein interessanter Gedanke, nämlich herauszufinden, was eigentlich das größere strukturierende und steuernde Modell ist, was letztendlich hinter den Dingen steht. Da stehen wir eher vor einer Strukturfrage als vor einer konkreten Zahlen- oder Methodenfrage.
Es gibt in der Mathematik zahlreiche Methoden, wie man Strukturen erkennen kann. Insofern hilft mir die Mathematik hier bei meiner Tätigkeit. Zu verstehen, welche Struktur den Zusammenhang zwischen verschiedenen Themen und Problemen darstellt, das ist eine interessante Aufgabe. Also zu verstehen, was die Struktur ist, mit der das Unternehmen dorthin gelangt, wo es hin will und die dem Unternehmen letztendlich auch den Erfolg bringt. Das ist für mich immer die Suche nach dem größeren Zusammenhang; jeder kann sich in sich selbst optimieren und versuchen, irgend etwas für sich alleine perfekt zu machen. Im Zentrum aber steht die Suche danach, wie das Unternehmen in einem Markt möglichst gut funktioniert. Das ist natürlich eine sehr viel kompliziertere Suche nach einer Lösung. Das Nachdenken darüber finde ich durchaus auch intellektuell anregend.

---

[1] Karl Weierstraß, geboren 1815 in Ostenfelde (Westfalen), gestorben 1897 in Berlin, war einer der bekanntesten Mathematiker des 19. Jahrhunderts.

Operatives Geschäft ist wichtig, aber sollte nicht darein münden, am Ende auch immer alles selbst tun zu müssen. Ein Beispiel: Sie überlegen sich eine optimale Produktionsstruktur, in der eine Bank ihr Geschäft abwickeln kann. Sie finden heraus, dass sie heute suboptimal ist und Sie finden heraus, was nach Ihrer Überzeugung und auch zahlengestützt die beste Struktur wäre. Und Sie finden den Weg dahin, können also auch noch zeigen, wie der Weg aussieht. In dem Moment, in dem Sie diese Überlegungen gemacht haben, können Sie den nächsten Schritt angehen. Wenn Sie sich nämlich zu sehr damit beschäftigen, wie dieser Weg Schritt für Schritt bis zum Ende gestaltet werden soll, dann kommen Sie nicht mehr dazu, darüber nachzudenken, was eigentlich die nächstliegenden Konsequenzen für Sie sind. Sie müssen jetzt schon beginnen, aus der derzeitigen Struktur die nächsten Initiativen anzugehen.

Man soll dabei jedoch nicht dem Fehler verfallen, alles in ein und dasselbe Strukturschema pressen zu wollen. Ich erinnere mich noch an das erste halbe Jahr bei McKinsey, in dem jeder von „Frameworks" sprach. In mir hat sich alles dagegen gesträubt, überhaupt dieses Wort zu benutzen, und noch mehr, dieses Instrument zu benutzen, weil es für mich immer eine inadäquate Reduzierung der Realität auf drei, vier Dinge darstellte. Alles musste in eine Matrix eingepasst werden. Ich dagegen wollte erst einmal verstehen, was eigentlich da ist, und nicht einfach eine Schablone auf etwas drauf legen, von der ich gar nicht weiß, ob sie passt. (Wobei ich heute sage: Wenn man solche Frameworks als das betrachtet, was sie sind, nämlich eine Strukturierungshilfe vorab, eine Rahmenvorgabe, Komplexitäten auch ´mal rauszunehmen und auch ´mal den Gelbfilter, den Rotfilter oder den Blaufilter aufzulegen, einfach, um gewisse Dinge aus einer Problemlage herauszufiltern, um so seinen Blick auf bestimmte Aspekte zu lenken, dann sind sie hilfreich. Aber mehr leisten sie auch nicht. Man erhält auf diese Weise keine Antwort, sondern nur Indizien und Informationen.)

3. Den Transfer suchen!

Es gibt in der Mathematik diese Frage nach Existenz und Eindeutigkeit von Lösungen. Zu wissen, dass ein Problem überhaupt eine Lösung hat und diese vielleicht sogar eindeutig bestimmt ist, reicht einem Mathematiker oftmals; er will nicht ausrechnen, wie die Lösung im Detail aussieht, sondern er sagt einfach: »Sei alpha die Lösung!«. Also wenn Sie wissen, dass eine Lösung für ein Problem existiert, die dazu noch eindeutig ist,

dann sind Sie als Mathematiker voll zufrieden und fühlen sich wohl und ausgelassen.
Ich glaube, dass man auch im Management den wichtigen Versuch machen kann, eine beste und eindeutige Lösung zu finden und sich über deren Möglichkeiten den Kopf zu zerbrechen. Man sollte sich aber nicht zu tief dabei eingraben.

Auf diese Weise geben Sie dem Unternehmen eine Kontinuität. Ich verwende als Daumenregel dreißig bis vierzig Prozent meiner Zeit für die Umsetzung von Lösungen. Aufwände darüber hinaus delegiere ich. Was mich noch in der Umsetzung neu stimuliert, ist: »Was kommt danach?«. »Was ist die nächste Veränderung?« Im Grunde ist man viel mehr auf der Suche nach der nächsten Frage und der nächsten Lösung, als daran zu haften, dieses eine Problem auch bis zum Ende selbst durchzuixen und faktisch selber umzusetzen.

Gerade die großen Mathematiker zeichnen sich dadurch aus, dass sie ein Problem bis zu einem gewissen Grade bearbeitet haben, um dann den Transferschluss zu machen: Wie kann ich das woanders anwenden? Also nicht dieses Optimieren in den kleineren Strukturen, sondern wiederum die Frage, was ist der treibende Gedanke, was ist eigentlich die größere Struktur, die dahinter steht? Gibt es überhaupt eine größere Struktur? Kann ich das mit etwas, das daneben steht, verbinden? So haben das etwa große Mathematiker mit der Algebra und der Geometrie vorgemacht. Das ist, glaube ich, ein faszinierender Gedanke, der im Management auch funktioniert.
Wie kann ich die Motivation von Menschen mit einer Struktur, mit einer Strategie im Unternehmen zusammenbringen? Wie kann ich die Bankenindustrie, hier bei uns also speziell die Funktionsweise der Postbank, mit der Funktionsweise eines Industrieunternehmens in Verbindung bringen? Alle sagen immer, gerade auch im Postkonzern, Banken seien völlig anders, das gehe hier anders – wir seien eine Bank, und eine Bank sei von Industrieunternehmen genuin verschieden. Die Post macht Umsatz, wir machen eine Bilanz. Man sieht zu sehr auf die Unterschiede.
Dabei kann man durchaus überlegen, welche Ideen in der Industrie sich auf eine Bank übertragen lassen. Natürlich ist das auch ein Kulturthema. »Wir sind eine Bank!« Dennoch ist es für mich ein faszinierender Gedanke, eine Industriekultur in eine Bankenumgebung zu injizieren. Ich glaube, dass man dabei als Bank viel lernen kann. Natürlich muss man die Unterschiede wirklich gut kennen, denn es gibt sicher auch Unabdingbarkeiten, an denen Veränderungsversuche abprallen. Wir müssen also verstehen, wo der Kernbereich der Bank liegt, den man als gegeben akzep-

tiert: Risikomanagement ist zum Beispiel in einem Industrieunternehmen nie in dem Maße treibend wie bei einer Bank. Für eine Bank ist Risikomanagement essenziell.
Auf der anderen Seite ist ein Thema wie Kostenmanagement – das hat sich auch gezeigt – für eine Bank genau so essenziell. Im Kostenmanagement können wir sicherlich von der Industrie lernen. Was kostet ein Girokonto? Was kostet eine Überweisung? In Industrieunternehmen wie etwa bei Daimler oder bei ThyssenKrupp ist es einfach immer bekannt, was die Produktion eines Motors oder von einem Kilogramm Stahl kostet, bis auf den letzten Cent. Jeder kennt genau die eigenen Produktionsschritte und weiß genau, was letztendlich dahintersteckt.
In gleicher Weise produzieren wir bei der Bank Girokonten oder Überweisungstransaktionen. Wir können diese Vorgänge wie normale Produktionsschritte ansehen. Wir erhalten einen Überweisungsbeleg, müssen ihn scannen, müssen die Unterschrift prüfen, müssen den Betrag prüfen, müssen den Empfänger feststellen und und und.

Transferschlüsse sind ja in der Mathematik ein ganz wesentliches Element. Wir stellen Vergleichbarkeiten fest und suchen nach Analoga in anderen Bereichen. Wenn es hier funktioniert, warum funktioniert es nicht auch dort? Diese Fragestellung fördert mitunter, auch Defizite zu erkennen, die die Ursache für ein Nicht-Funktionieren sind. Wenn ich sehe, dass im Unternehmen in einem bestimmten Bereich etwas schief läuft, anderswo aber reibungslos funktioniert, dann muss ich mich fragen, wo denn Unterschiede bestehen. Warum ist dieses gut und warum jenes nicht? Und irgendwann findet man vorher vielleicht verborgene Kriterien heraus, nach denen man später besser entscheiden kann. Und genau hier sucht ein Mathematiker, während ein Betriebswirt eher hingeht und sagt, das, was die anderen machen, müssen wir jetzt auch machen. Betriebswirtschaftler transferieren Handlungsweisen, eher nicht Prinzipien. Meistens funktioniert das aber nicht; Handlungsweisen lassen sich nur sehr bedingt transferieren.

4. Zum Kern der Dinge vordringen!

Die Suche nach Transfermöglichkeiten geht immer auch einher mit der Frage nach dem Wesentlichen. Das ist etwas, finde ich, was ein Mathematiker implizit immer tut. Er versucht immer, das ganze Efeu und das ganze Gestrüpp, das um die Dinge herumwächst, wegzuräumen und zu fragen, »was ist eigentlich der Kern?« Auf uns als Unternehmen übertragen, geht es also um Antworten auf die Fragen »Wo geht das Unterneh-

men hin, was ist der Markt, den wir bewegen wollen, welche Gestalt hat das Feld, das wir beackern wollen? Was ist das Differenzierende?« Aus diesen Antworten ziehen wir dann Schlussfolgerungen – so, wie es der Mathematiker macht.
Dem Mathematiker steht dabei ein Kriterium zur Verfügung, das ihm ziemlich untrüglich verrät, ob die von ihm entwickelte Theorie bedeutsam ist oder nicht. Ob er die richtigen Formulierungen und die richtige Darstellungsform gefunden hat. Ich bin davon fest überzeugt – wiederum ein Transfer –, dass dieses Kriterium auch im Management gilt: Ästhetik! Ästhetik hat viel mit Einfachheit, Klarheit und mit Effizienz zu tun.[2]

Eine Theorie in der Mathematik ist dann auch stark, wenn sie ästhetisch und strukturell einfach ist. Wenn es gelingt, sie überzeugend darzustellen. Ich habe es noch nicht erlebt, dass ein sehr krudes mathematisches Konstruktum am Ende eine große Kraft entfaltet hat. Ich meine die dahinter steckende Theorie, nicht die Rechnungen und Fallunterscheidungen, die in der Umsetzung auftreten. Die mögen mitunter sehr technisch und weniger ästhetisch sein. Umsetzung ist immer mühselig, auch im Wirtschaftsleben. Die Idee kann schön sein, der Weg dahin ist aber mühselig – tausend kleine Schritte, tausend kleine Entscheidungen.

Nehmen wir als Beispiel unser Bankensystem. Wir haben ein Drei-Säulen-Prinzip: Da sind die Privatbanken, da sind die Genossenschaften und da sind die Sparkassen. Die Sparkassen haben eine Struktur, die sich über Verbände steuert, über Gremien, die versuchen, das Ganze zusammen zu halten. Und die Genossenschaften sind ein ähnliches Konglomerat, werden jedoch anders herum geführt – die haben ein Spitzeninstitut. Und schließlich gibt es die Privatbanken mit ihren teilweise extrem hohen Beteiligungsverflechtungen.
Dieses System funktioniert nicht aus dem Spiel miteinander, sondern aus dem wechselseitigen Verhindern. Man kann auch aus dem Widerstreit von Kräften einen Markt gestalten; das muss aber aus dem gleichen Spiel heraus erfolgen.
Im Bankensektor spielen zu viele persönliche Befindlichkeiten und Egoismen mit, die dadurch begünstigt sind, dass die Struktur der Banken so unsinnig kompliziert und auch so politisch geprägt ist. Die stoßen an jeder Ecke immer wieder an die Banden der Politik und der politischen Rahmenbedingungen. Das hat sich überholt. Das ist „nicht ästhetisch". Das ist im Grunde kalter Krieg. Natürlich war der kalte Krieg West-gegen-Ost immerhin ein stabiles Gleichgewicht. War das schön? Nein!

---

[2] Ein Aspekt, der u.a. auch in dem Beitrag von Werner Carstengerdes angesprochen wird

5. Sei ehrlich!

Ehrlichkeit im wirtschaftlichem Zusammenhang bedeutet für mich Transparenz und offenes Miteinander. Wenn wir versuchen, Zahlen und Daten zu verschleiern, kommen wir nie zu einem „Wir". Jeder argumentiert in Unterstellungen und sieht sich nicht gezwungen, Missstände zu beheben – vielleicht weiß es ja keiner ...

Der Mathematiker hat es einfacher als Manager, er wurde erzogen ehrlich zu sein. Wenn er als Mathematiker nicht ehrlich ist, dann lässt sich das eindeutig feststellen und er wird aus der mathematischen Gesellschaft ausgeschlossen. Er zählt dann einfach nicht zu den Mathematikern.

Diese Ehrlichkeit auch glaubhaft in einem Unternehmen zu etablieren, halte ich für einen großen Wettbewerbsvorteil.

Dies ist das, was ich an der Mathematik schön finde! Diese Aspekte beeinflussen auch jetzt meine tägliche Arbeit. Ich denke zwar nicht explizit darüber nach, aber in der Reflexion auf jeden Fall. Für mich sind Nachvollziehbarkeit und Transparenz sehr, sehr hohe Güter. Wir legen einen Mechanismus fest, nach dem wir uns steuern wollen, tun das, akzeptieren ihn und bleiben dabei. Wir können etwas mit der Zeit ändern, natürlich, aber wir reden und handeln in gleichem Atem. Kein Hinbiegen, kein Interpretieren. Für mich gilt immer: Wenn das so ist, dann ist das so!

Dr. Ulrich Bos

Nach Abschluss seines Studiums der Mathematik und Physik in Saarbrücken, Heidelberg und Frankfurt nahm Ulrich Bos 1975 seine Tätigkeit als mathematischer Berater bei der damaligen Hoechst AG in Frankfurt auf. Damit begann für ihn eine abwechslungsreiche 25 Jahre dauernde Tätigkeit mit verschiedenen Aufgaben und zunehmender hierarchischer Verantwortung, die letzten Endes durch die Auflösung des Unternehmens selbst beendet wurde.

Er war maßgeblich an der organisatorischen Integration der Mathematik, Informatik und Kommunikation (I+K) im Hoechst-Konzern beteiligt (1985) und leitete selbst eine solche Einheit im größten Tochterwerk von Hoechst. Als Forschungsleiter (1990) eines Geschäftsbereichs und anschließend als Leiter der New Business Development Division der Zentralforschung des Konzerns wechselte er vom IT- Fachmanager zum General Manager im Bereich der Chemie und ihrer Anwendung. 1994 kehrte er als Chief Information Officer (CIO) des Hoechst-Konzerns mit weltweiter Verantwortung an die Spitze der I+K Einheiten zurück. In der Folgezeit gelang es ihm durch den Abbau der monolithischen landesorientierten Informationssysteme und die Einführung von autarken aber vernetzbaren SAP/R3 Systemen, sowie dem Aufbau eines weltweiten 80 000 Benutzer umfassenden Corporate Networks, den Umbau des Unternehmens Hoechst wenn nicht zu ermöglichen, so doch mindestens nicht zu behindern. Im Zuge dieses Umbaus wurden die IT-Einheiten weltweit in einen eigenständigen Konzern mit 1300 Mitarbeitern in dreizehn Ländern der Erde, die HiServ GmbH, eingebracht, dessen alleiniger Geschäftsführer Ulrich Bos war. Seit dem Verkauf der HiServ ist Ulrich Bos als Managementberater tätig, wobei es ihm darauf ankommt, einen holistischen Blick auf die zu lösenden Probleme zu vermitteln.

Obwohl er durch seine berufliche Tätigkeit eigentlich genug gefordert war, hat Ulrich Bos immer die Zeit gefunden, sich mit aktuellen Entwicklungen der Mathematik und Physik zu befassen. Neben seiner Beratungstätigkeit arbeitet er zur Zeit an der Entwicklung von Modellen, die der Beschreibung der Dynamik von alternden Organisationen dienen sollen.

In seinem Beitrag verdeutlicht Ulrich Bos, dass erfolgreiche Unternehmer über eines in reichlicherem Maße verfügen als die meisten Mathematiker: Intuition!

Unternehmer sind die besseren Mathematiker

Ulrich Bos

Seit viertausend Jahren betreiben *Mathematiker* nachweislich Mathematik, widmen sich also der Wissenschaft von Beziehungen zwischen Größen.[1] Dabei hat sich zwar der Gegenstand ihrer Untersuchungen geändert, nicht aber ihre Methoden. Wenn sich eine Wissenschaft so lange unverändert halten kann, wenn die Performance von Schülern auch heute noch bei Pisa und anderswo an der Beherrschung dieser Methoden gemessen wird, so müssen diese zivilisatorisch eine gewisse Bedeutung haben, sie müssen nützlich sein.

Faulheit mit Methode

Worin liegt die Nützlichkeit mathematischer Methoden? Ich denke, zunächst nützen diese Methoden den Mathematikern selbst. Tief in jedem Mathematiker ist das Prinzip verankert, Probleme unter Umgehung körperlicher Bewegung mit geistigen Mitteln zu lösen.

Von Thales erzählt man folgende Geschichte, die das beleuchten mag: Thales verbrachte den lieben langen Tag damit, sich im Schatten der Pyramiden auszuruhen und die ägyptischen Priester ob ihrer hektischen Betriebsamkeit zu verspotten. Als diese ihn dann hämisch fragten, ob er denn ohne großen Aufwand auch die Höhe der Pyramiden bestimmen könne, zog er bekanntlich eben selbigen Schatten, nämlich den seines Spazierstockes, heran, um aus dem Vergleich der Schattenlängen von Stock und Pyramide die Höhe der letzteren zu berechnen, ohne die Pyramide auch nur bestiegen zu haben.

Mathematische Methoden dienen also in erster Linie der Förderung der körperlichen Faulheit der Mathematiker.

Verallgemeinerung ist eine solche mathematische Methode. Das heißt der Mathematiker versucht, gefundene Erkenntnisse unabhängig von der konkreten Situation, die der Erkenntnisfindung zugrunde lag, in ihrem

[1] Mathematik – die Wissenschaft von Beziehungen zwischen Größen; aus Meyers Konversationslexikon von 1908

Gültigkeitsbereich möglichst weit auszudehnen. Verallgemeinerung ist damit natürlich ein ökonomisches Prinzip: Man versucht den einmal gemachten Aufwand in anderen Situationen nicht wiederholen zu müssen. Das Schöne an der Methode des Thales ist ja, dass der Don Juan des Max Frisch[2] sie auch zum Vermessen der Festung von Cordoba verwenden konnte, ohne diese überhaupt betreten zu müssen.[3]

Abstraktion ist eine andere dieser Methoden. Man gibt einem Objekt einen Namen, zum Beispiel X, und kann danach damit umgehen, als wäre es real, man kann seine „abstrakten" oder realen Eigenschaften untersuchen. Man kann zum Beispiel, wie Conrad Reynvaan in seinem Beitrag beschreibt, mit X rechnen, als ob es eine Zahl wäre, obwohl es doch eigentlich nur die Abstraktion einer Zahl ist. Auch diese Methode spart Zeit- und Aufwand, weil man die Aussagen, die man an einem abstrakten Objekt gewinnt, auf viele reale Objekte anwenden kann.

Die Anwendung solcher Methoden hört sich einfach an, setzt aber die Fähigkeit voraus, Situationen zu abstrahieren und sich dabei von Paradigmen zu trennen, von denen man eventuell gar nicht weiß, dass man ihnen anhängt.

Die zwei Gesichter der Rationalisierung

Ist Faulheit eine Charakterschwäche der Mathematiker? Faulheit kam erst unter den Calvinisten in Verruf. Sie sind die Erfinder (besser Entdecker?) der „industria" als Tugend, was letzten Endes zur industriellen Fertigung und damit zu der Gesellschaft, wie wir sie heute haben, führte. Und erst in dieser Gesellschaft bekam Faulheit einen negativen Beigeschmack.

Gleichzeitig entdeckte gerade diese Gesellschaft der Fleißigen das unternehmerische Potential, das in der Methode der Mathematiker lag, sich Arbeit zu ersparen. Nicht umsonst wurde der Vorgang Arbeitskraft einzusparen als „Rationalisierung" bezeichnet.

Rationalisierung: *[zu frz. rationaliser, „vernünftig denken" (von lat. Ratio „Verstand")] zweckmäßige („rationale") Gestaltung von Arbeitsabläu-*

[2] Max Frisch: Don Juan oder die Liebe zur Geometrie, Edition Suhrkamp Nr.4

[3] Wir unterstellen, dass Don Juan wirklich nur zu faul und nicht etwa zu feige war, die feindliche Festung zu betreten

fen mit dem Ziel der Optimierung des Verhältnisses zwischen Aufwand und Erfolg, insbesondere durch Einsparung menschlicher Arbeitskraft ...[4]

»Unter Menschen ist folgendes Organisationsprinzip am meisten verbreitet: eine komplexe Hierarchie von „Verwaltenden" (Männer und Frauen, die an der Macht sind) betreut oder vielmehr leitet die eher beschränkte Gruppe der „Kreativen", deren Arbeit sich anschließend, unter der Flagge der Distribution, die „Händler" bemächtigen... Der Kampf zwischen Stalin und Trotzki, den beiden russischen Führern ... illustriert trefflich den Übergang von einem System, das die Kreativen begünstigt, zu einem System, das die Verwaltung begünstigt. Trotzki, der Mathematiker, Gründer der Roten Armee, wird nämlich von Stalin ausgeschaltet, dem Meister des Komplotts.«[5]

»Eigentlich bin ich faul«

Der spätere *Manager und Unternehmer* wird in der Regel in der Schule mit der Mathematik konfrontiert, und leider muss man feststellen, dass dieses Erlebnis für die meisten so traumatisch ist, dass sie den Rest ihres Berufslebens der Mathematik kritisch bis ablehnend gegenüberstehen.
Als ich in einem Forschungsgespräch protestierte, weil im Zusammenhang mit Fullerenen[6] der Eulersche Polyedersatz – und das auch nur in einem Spezialfall – als neueste Erkenntnis der Chemie verkauft wurde, kam der Kommentar, »seit wann haben denn die Mathematiker etwas produziert, was nützlich ist? Das kann gar nicht sein«.
Dieser Umstand wird auch nicht dadurch verbessert, dass in den Fächern, die er an der Universität studierte, die Mathematik als „Nebenfach" gerne zum Stolperstein auf dem Weg zum eigentlichen Hauptstudiumsabschluss missbraucht wird.

Was haben Unternehmer und Manager mit Mathematikern gemeinsam? Zunächst sind auch Unternehmer körperlich faul.
Wenn dies der Chef eines Unternehmens[7] äußert, das gerade einen dramatisch zu nennenden Strukturwandel durchläuft, so muss an meiner These etwas Wahres sein. In früheren Zeiten und gerüchteweise auch noch heute ließen und lassen sich Vorstandsmitglieder von ihren Fahrern

---

[4] Aus Meyers Grosses Taschenlexikon in 24 Bänden [1981]
[5] Aus Bernard Werber: Die Ameisen, Heyne Verlag 1998
[6] dreidimensionales Kohlenstoffmolekül, zum Beispiel C_{60}, hat die Form eines Fußballs (Ikosaederstumpf). Nobelpreis 1996 für R. F. Curl, H. W. Kroto, R. E. Smalley
[7] E.On Chef Ulrich Hartman, Stern Nr. 29 vom 11.07.2002

die Aktenmappe bis zum Schreibtisch tragen[8]. Wenn dies keine körperliche Faulheit ist ...

Natürlich hat dies alles seine Grenzen, wenn es um den privaten Bereich geht. Was da alles als schweißtreibender Ausgleich betrieben wird, ist unglaublich. In einem Betrieb angeordnet, würden solche Exzesse das Gewerbeaufsichtsamt sofort veranlassen, den Betrieb zu schließen. Nicht umsonst gehören Freizeitunfälle heute zu den häufigst registrierten Ursachen unfallbedingter Abwesenheit im Betrieb überhaupt.
In diesem Verhalten sind sich Unternehmer mit Mathematikern einig. Auch diese vergessen in ihrer Freizeit alles, was sie über Faulheit gelernt haben, und stürzen sich in die abenteuerlichsten „Entspannungssportarten". Vielleicht besteht die Professionalität gerade darin, beides, Beruf und Privatleben, in dieser Hinsicht so genau zu trennen.

Kreativität – eine weitere Gemeinsamkeit

Neben der körperlichen Faulheit haben die Unternehmer – und ich meine hier erfolgreiche Unternehmer – mit den Mathematikern die Kreativität[9] gemeinsam. In dem Umfeld, in dem sie heute tätig sind, kann man nicht erfolgreich sein, wenn man sich an Althergebrachtes klammert. In den Jahren von 1995 bis 2000 hat beispielsweise die Chemisch-Pharmazeutische Industrie mehr Strukturänderungen zu gestalten gehabt, als zuvor in den fünfzig Jahren seit dem Krieg. Die wichtigste besteht wohl darin, dass es keine chemisch-pharmazeutische General-Unternehmen wie früher Hoechst, BASF und Bayer mehr gibt oder in absehbarer Zukunft geben wird.
Auch hier ist ein totaler Paradigmenwechsel notwendig, der vielleicht noch schmerzlicher empfunden wird, weil er neben dem intellektuellen auch sozialen Stress hervorruft.

Mit Umgestaltungsaufgaben dieses Ausmaßes sind nämlich „Verwalter" überfordert. Ein solcher Wechsel kann nur dann gestaltet werden, wenn es absolut keine Tabus gibt, wenn die Unbekannten plötzlich auf der anderen Seite stehen dürfen und die Gleichungen trotzdem gelöst werden.
Und natürlich schlagen die Verwalter in den Unternehmen zurück: Sie verbringen erhebliche Teile ihrer Arbeitszeit in unglaublich anstrengenden, aber trotzdem nutzlosen Besprechungen, und das rund um die Erde

---

8 Die Feststellung, dass dies auch manche Politiker tun, habe ich mir verkniffen.

9 Dabei ist in diesem Zusammenhang nicht die Kreativität bei der Buchführung gemeint, wie sie in der letzten Zeit anscheinend in einigen Vorstandsetagen Mode geworden ist.

– multikulturell, global. In einer Befragung, die ich bei ca. fünfzig „Managern auf mittlerem Niveau" durchführte, gaben mehr als neunzig Prozent an, dass sie mindestens sechzig Prozent ihrer Arbeitszeit in überflüssigen Besprechungen verbringen. Als ich diese Besprechungen daraufhin abschaffte, ging ein Sturm der Empörung durch die Organisation, denn natürlich hat die Teilnahme an einer solchen Besprechung auch etwas mit Macht zu tun; gerade die „Verwalter" leiten einen erheblichen Teil ihres sozialen Standings aus ihrer Rolle als professionelle Bedenkenträger in solchen Besprechungen ab.[10]

Einer der kreativsten Unternehmer, den ich kenne, hat im Zusammenhang mit einen Paradigmenwechsel, den er in dem von ihm geführten Unternehmen durchführen musste, diesen Personenkreis als „zähe Lehmschicht" bezeichnet, wobei mir bis heute nicht klar ist, ob er dabei „Lehm" oder „Lähm" meinte, vermutlich beides.[11]

Natürlich dient Strukturwandel dem bereits bekannten Ziel, Arbeit zu sparen. Synergie soll Arbeit einsparen. Manchmal gelingt dies auch, oft geht es schief, insbesondere dann, wenn nicht die Arbeit kleiner wird, sondern nur die Anzahl der Arbeitenden.
Während die Vertreter der Verwaltung im Idealfall Arbeitsprozesse effizienter gestalten, stellen die Kreativen die Struktur dieser Prozesse selbst in Frage und versuchen durch ihre Umstrukturierung oder gar Abschaffung die Effizienz zu erhöhen.

Intuitiv richtig abschätzen

Wandel dieser Größenordnung in der Wirtschaft zu gestalten, ja die Fähigkeit, seine Notwendigkeit zu erkennen, setzt voraus, dass man Größen zueinander in Beziehung setzen kann und aus diesen Beziehungen die richtigen Schlüsse zieht. Wenn Meyers Lexikon also recht hat, sind *Unternehmer im Grunde genommen Mathematiker*.

Die Größen, um die es sich dabei handelt, werden unter Begriffen wie Globalisierung, Fokussierung, Informationsgesellschaft, Shareholder Value, Synergie und vielen anderen abstrakt beschrieben, wobei die genaue Definition dieser Begriffe im mathematischen Sinne eigentlich nie einvernehmlich möglich ist.

---

[10] Auch hier habe ich mir den Hinweis auf Parallelen in der Politik verkniffen.

[11] Es sei hier noch erwähnt, dass der zitierte Unternehmer nur vierzig Stunden in der Woche arbeitet und solche Besprechungen schon immer gemieden hat

Trotzdem wird der Erfolg oder Misserfolg des Unternehmers von zahlreichen Analysten, die inzwischen das Bedenkenträgertum auf ein höheres Niveau gehoben haben,[12] retrospektiv alle Vierteljahre an diesen Begriffen festgemacht, beurteilt und kommentiert. In diesem Zusammenhang muss der Schritt der Firma Porsche als mutig gelten, die keine Quartalsberichte mehr veröffentlicht, weil ihr Unternehmenserfolg nicht in einer so kurzfristigen Betrachtung gemessen werden kann.

Der Unternehmer muss also, ohne dass präzise Definitionen oder gar quantitative Werte der Größen vorliegen, intuitiv abschätzen, wie sie zueinander in Beziehung stehen, wie sie sich entwickeln werden und welchen Gestaltungsspielraum er hat. Zusätzlich bleibt die Menge der relevanten Größen über die Zeit nicht die gleiche. Selbst dann, wenn man es geschafft hätte, die Situation formal abstrakt zu beschreiben und so einer mathematischen Lösung zuzuführen, bleibt immer noch die Frage, ob man auch alle wichtigen Einflussgrößen erfasst hat oder ob sich morgen in der Karibik der berühmte Schmetterling falsch bewegt und die ganze Planung über den Haufen wirft.

Einer meiner Kollegen bekam vor vielen Jahren einmal die Aufgabe, die Geometrie eines Rührwerkzeugs in einem Rührkessel ($2m^3$) zu optimieren. Als er sein Ergebnis vorlegte, runzelte der Chefingenieur die Stirn und stellte fest: »Das kostet uns in der Herstellung 1 Mio DM mehr, aber wenn ihre Berechnungen richtig sind, dann würde sich das lohnen ... und andernfalls schmeiße ich sie raus«. Darauf stotterte der Kollege: »Na ja, ich musste bestimmte Annahmen machen, von denen ich nicht weiß, ob sie richtig sind oder ... «. »Das ist mir egal«, unterbrach ihn sein Gegenpart, »stimmt's oder stimmt's nicht?«. Darauf antwortete mein Kollege: »Es stimmt«, und erzählte noch Jahre danach, dass dies genau der Moment war, in dem er vom „abgewandten" zum „angewandten" Mathematiker wurde.[13]

Vor diesem Problem steht der Unternehmer ständig unter erschwerten Bedingungen. Er muss Annahmen über das Zusammenwirken von Größen machen, weil er hier und jetzt seine Entscheidung treffen muss. Wenn es darum geht, Strukturwandel zu gestalten, muss er einschätzen, wie sich das Kollektiv der Lähmschicht verhält oder wie sich bestimmte Personen in Schlüsselpositionen verhalten werden. Er muss seine Pläne mit den Belegschafts- und den Kapitalvertretern besprechen und deren Reaktion ab-

---

[12] Oder welcher andere Berufsstand würde sich nach der Pleite des e-Commerce trauen, die nächsten zehn Jahre den Mund auf zu machen?
[13] Natürlich hat's gestimmt, sonst hätte er es ja nicht erzählt.

schätzen. Er hat also neben dem unternehmerischen Problem auch noch ein politisches Problem.

Sein Vorteil besteht darin, dass er als „Kreativi" gegenüber den „Verwaltern" das Überraschungsmoment auf seiner Seite hat. Er weiß aber auch, dass seine Pläne, bevor sie in eine neue Ordnung münden, zunächst einmal einen chaotischen Korridor durchqueren müssen. Wenn er Mathematik studiert hat, weiß er sogar warum, das wird ihm aber auch nicht helfen. Ihm fehlt, anders als den Mathematikern, das Arsenal mathematischer Methoden; er ist einzig und allein auf seine Intuition angewiesen und auf sein Gefühl für das Wesentliche.

Es hat mich immer wieder überrascht, wie genau die Ergebnisse dieser intuitiven Methode bei guten Unternehmern sind. Deshalb sei hier die These erlaubt: **Unternehmer sind die besseren Mathematiker!**

Prof. Dr. Wolf-Rüdiger Heilmann

Wolf-Rüdiger Heilmann durchlief zunächst die Hochschullaufbahn. Er studierte an der Universität Hamburg Versicherungsmathematik und wurde dort nach Assistentenzeit und Habilitation im Jahre 1980 zum Professor für Mathematik ernannt.

1985 erfolgte ein Wechsel als Ordentlicher Professor für Versicherungswissenschaft an die Universität Karlsruhe. Diesem Wechsel ging im Oktober 1984 ein Forschungsaufenthalt am Department of Industrial Engineering and Operations Research der University of California in Berkeley voraus.

Im Jahre 1991 vollzog Heilmann mit seinem Eintritt in den Vorstand der Karlsruher Lebensversicherung AG einen Wechsel in seinem Tätigkeitsschwerpunkt. Diese Position hatte er bis 1998 inne. Seit 1999 ist er Mitglied des Vorstandes der GE Frankona Rückversicherungs-AG in München. Seine Verbundenheit zur Universität hält er als Honorarprofessor der Universität Karlsruhe aufrecht.

Prof. Heilmann hat mehrere Aufsichtsrats- und Beiratsmandate inne und ist Mitglied in zahlreichen Ausschüssen und Gremien, u. a. im Ausschuss des Deutschen Vereins für Versicherungswissenschaft und im „Ausschuss Volkswirtschaft" des Gesamtverbandes der Deutschen Versicherungswirtschaft e. V. Er ist Aktuar DAV (Deutsche Aktuarvereinigung) und Aktuar SAV (Schweizerische Aktuarvereinigung).

Im Jahre 1990 erhielt Heilmann für die von ihm verfasste Monographie „Fundamentals of Risk Theory" den Ernst-Meyer-Preis der Genfer Vereinigung für das Studium der Versicherungswirtschaft verliehen.

Durchaus und bewusst auch zum Mittel der Überzeichnung greifend, gibt uns Wolf-Rüdiger Heilmann in seinem Beitrag ein umfassendes, scharfes und tiefes Bild vom Charakter und Wesen „eines Mathematikers" und dessen Rolle im Beruf und in der (Informations-) Gesellschaft.

Die Mathematik, die Mathematiker und ich

Wolf-Rüdiger Heilmann

Teil 1. Tractatus sociologico-mathematicus

Ein Mathematiker ist eine Person (männlichen oder weiblichen Geschlechts), die Mathematik betreibt.

Ein Mathematiker ist aber auch eine Person, die auf die Idee kommt und sich nicht geniert, einen Aufsatz über Mathematik und Mathematiker mit dem vorstehenden Satz zu beginnen.

Mathematiker verfahren vorzugsweise nach dem Schema „Definition - Satz – Beweis" und halten es daher für zweckmäßig, eine Charakterisierung wie die obige an den Anfang ihrer Ausführungen zu stellen.

Mathematiker vermeiden Redundanzen, und somit erscheint ihnen diese knappe Beschreibung angemessen und ausreichend.

Mathematiker streben nach einem Höchstmaß an Allgemeinheit, und daher unterlassen sie unnötige Einschränkungen wie „im Rahmen eines Studiums oder einer Berufsausübung", „überwiegend", oder „aus beruflichem oder privaten Interesse".

Mathematiker sind, wenn überhaupt, an der Kommunikation mit anderen Mathematikern interessiert, und daher stört es sie nicht, wenn sie Nichtmathematiker durch die Schlichtheit oder Kargheit oder scheinbare Belanglosigkeit der Einleitung vom weiteren Lesen abhalten. Der Vorwurf, die getroffene Aussage sei tautologisch, vermag sie schon gar nicht zu beeindrucken. Schließlich liegt für sie eine entscheidende Grundlage ihrer Tätigkeit im geschickten Umgang mit Tautologien.

Für Mathematiker liegt die Zweckbestimmung ihres Handelns in der Mathematik selber. Aus diesem Grunde würden sie den Vorschlag, in ihre Definition einen Passus über die praktischen Anwendungen der Mathematik, ihren Nutzen für andere Wissenschaften oder, horribile dictu, ihre Relevanz für wirtschaftliche oder industrielle Anwendungen aufzunehmen, mit Empörung zurückweisen.

Mathematiker fühlen sich der reinen Lehre verpflichtet. Sie sind diesbezüglich rigoros, kompromisslos und unbestechlich - den Hinweis eines Lektors oder Herausgebers, sie mögen doch bitte die Einleitung ein wenig leserfreundlicher gestalten, überhören sie einfach. Die Drohung, ihr Artikel werde möglicherweise mangels Lesbarkeit nicht aufgenommen, ignorieren sie erst recht.

Mathematiker buhlen nicht um Sympathie - weder für sich noch für ihre Wissenschaft. Wer will, mag ihnen zuhören oder ihre Abhandlungen lesen, wer kann, mag qualifizierte Fragen dazu stellen - jedes weitere Ansinnen, jede Forderung nach größerer Verständlichkeit aber stößt bei ihnen auf schroffe Ablehnung.

Mathematiker halten nichts von Pädagogik, Didaktik, Propädeutik - es sei denn, es wird akzeptiert, dass ihre Denk- und Argumentationsweisen, ihre Darstellungs- und Vermittlungsformen per se (oder per definitionem) pädagogisch ausgereift und didaktisch vollendet sind und einer Propädeutik gar nicht bedürfen. Weil sie auch altmodisch sind, schätzen sie Tafel und Kreide, aber der Begriff Tafelbild ist für sie ein Unwort.

Mathematiker halten Rücksichtnahmen auf Äußerlichkeiten für abwegig, abträglich und im Grunde ihres Herzens für abscheulich. Dieses auch asketisch motivierte Fehlen von Eitelkeit erstreckt sich auf ihr eigenes Äußeres ebenso wie das ihrer Büros, ihrer Schreibtische und ihrer Manuskripte.

Mathematiker haben dennoch einen ausgeprägten Sinn für Ästhetik. Der Beweis eines Theorems mag sie zufriedenstellen, faszinieren aber wird sie nur eine elegante Beweisführung, eine klare Struktur, eine geniale Idee und ein Höchstmaß an Abstraktion.

Mathematiker verkaufen sich gar nicht, schlecht oder unter Wert. Nach ihrem Selbstverständnis verhält sich Mathematik zu Marketing wie Kunst zu Kunsthonig. Parolen wie »Klappern gehört zum Handwerk« oder »Tue Gutes und rede darüber« gehören nicht zu ihrem Sprachgebrauch.

Mathematiker sind kreativ und haben Phantasie. Viele werden diese Behauptung in Erinnerung an ihren stocksteifen Mathematiklehrer, der sie mit (scheinbar) staubtrockener Algebra schier zur Verzweiflung gebracht (oder in die Hände eines nur geringfügig unterhaltsameren Nachhilfelehrers getrieben) hat, für pure Ironie halten. Wer aber jemals nachvollziehen konnte, wie zum Beispiel die Frage der „Quadratur des Kreises" mit relativ einfachen algebraischen Methoden beantwortet oder wie ein Optimierungsproblem mit Hilfe eines Dualitätssatzes aus der Funktionalanalysis gelöst werden kann, der wird die Kunstfertigkeit mathematischer Denkgebäude staunend bewundern.

Mathematiker sind friedlich, friedliebend und friedfertig, aber ihrer Geduld mit uneinsichtigen und begriffsstutzigen Zeitgenossen sind enge Grenzen gesetzt. Mangelnder Einsicht begegnen sie gern mit Vokabeln wie offensichtlich, evident und, Krönung ihrer verbalen Aggressionslust, trivial.

Mathematiker sind Meister im Bohren dicker Bretter. Bei dieser Tätigkeit sind sie konzentriert bis zur Selbstvergessenheit, hingebungsvoll bis zur Selbstaufgabe, penibel bis zur Selbstzerstörung, erkenntnishungrig bis zur Besessenheit, perfektionistisch bis zum Exzess.

Mathematiker sind Käuze, und sie fühlen sich bestätigt – wenn nicht geschmeichelt –, wenn diese Kauzigkeit erkannt, bestaunt oder auch belächelt wird. Es stört sie nicht im geringsten, wenn sie für zerstreut und ihr Gebaren für konfus gehalten werden – unterstreicht diese Einschätzung doch nur, dass sie auf die Belanglosigkeiten des Alltagslebens keine Energien verschwenden.

Mathematiker sind Sonderlinge. Und wenn sie es nicht schon zu Beginn ihres Mathematikerdaseins sind, so werden sie durch ihre Ausbildung und das prägende Beispiel ihrer Ausbilder dazu gemacht. Eloquenz wird als Geschwätzigkeit gebrandmarkt, Kommunikationsfähigkeit und -freude systematisch unterdrückt, Geselligkeit rigoros unterbunden. Teamwork gilt in Mathematikerkreisen als gänzlich ungeeignete Arbeitsform, Gruppenarbeit als Versuch, sich der harten Fron im Steinbruch mathematischen Wissens und Wirkens möglichst zu entziehen.

Mathematiker sind Esoteriker. Irgendwann entschwinden sie in die Zonen totaler Vergeistigung, bewegen sich in weltabgewandten Sphären und kommunizieren am liebsten in kryptischen Monologen mit sich selbst. Manchmal lässt sich ein gutwilliges und begeisterungsfähiges Publikum davon anstecken und macht ein Buch wie „Gödel, Escher, Bach – An Eternal Golden Braid" von Douglas R. Hofstadter zu einem (kaum gelesenen und noch weniger verstandenen) Bestseller.

Mathematiker pflegen ihre Skurrilität mit Hingabe. Spätestens seit Fermat seine legendäre Vermutung auf dem Rand einer Buchseite notierte, gilt es unter ihresgleichen als schick, bahnbrechende Ideen zum Beispiel auf einem uralten, zerknitterten Briefumschlag zu skizzieren - natürlich unter Benutzung eines Bleistiftstummels, dessen genauer Ursprung nicht erkennbar ist. (Für den Insider: Auf diesem Briefumschlag befinden sich übrigens zweckmäßigerweise auch Adresse und Telefonnummer des Mathematischen Forschungsinstituts Oberwolfach – allerdings auf dem Stand vor Einführung der Postleitzahlen.)

Mathematiker sind rechthaberisch. Ihr Streben nach Präzision und Perfektion, ihre Abneigung gegen Undeutliches, Unklares und Schwammiges stimuliert sie zu immer neuen, Nichtmathematiker halsbrecherisch (oder einfach nur lästig) anmutenden Höhenflügen der Kasuistik.

Mathematiker rechnen nicht gern und, wenn sie müssen, nicht immer gut und richtig. Zahlen erscheinen ihnen gelegentlich nützlich, zum Beispiel wenn sie als Index oder Parameter verwendet werden können, zumeist aber lästig und allzu anwendungsorientiert und praxisnah. Daher pflegen sie mit besonderer Hingabe die Anekdote von dem kleinen Schüler Carl Friedrich Gauß, der auf so verblüffend einfache Weise die Summe aller natürlichen Zahlen von 1 bis 100 errechnete.

Mathematiker sind Angehörige einer Gemeinschaft von Eingeweihten. Sie suchen und finden ihre Realität in der Transzendenz und leben in einem Kosmos, der auf Größen wie e, i und pi basiert. Ein „richtiger" Mathematiker „weiß", dass e hoch i mal pi gleich minus eins ist. Wer dies nicht einsieht, wird niemals wirklich dazugehören.

Mathematiker sind Formel-Fetischisten. Lässt sich ein Zusammenhang formelmäßig darstellen, hat er eine signifikant erhöhte Chance, von ihnen überhaupt wahrgenommen und möglicherweise sogar ernstgenommen zu werden. Sie schätzen es ganz besonders, wenn es für denselben Sachverhalt eine explizite, eine implizite und womöglich auch noch eine rekursive Darstellung gibt. Bei allen Berührungsängsten gegenüber der realen Umwelt – ließen sich die Pflanzen, Tiere, Fußballer, ... des Jahres über eine Formel ermitteln, gäbe es zur Bestimmung der Oscar-Preisträger einen konvergierenden Algorithmus – die Mathematiker wären mit von der Partie.

Mathematikern ist kommerzieller Erfolg suspekt. Profitmaximierung kann für sie kein Ziel, eine Bilanz oder Gewinn-und-Verlustrechnung keine alleinige Richtschnur sein. Lustvoll disqualifizieren sie Rubik's Cube als „simple Anwendung der symmetrischen Gruppe" und mit Verachtung strafen sie das mediale Echo und die publizistischen Erfolge bei der Ver-

Verbreitung und Vermarktung der Fraktalen Geometrie, der Chaos-Theorie und ihrer Verzweigungen.

Mathematiker sind genügsam und bescheiden. Es erfüllt sie mit Genugtuung, dass es keinen Nobel-Preis für Mathematik gibt. Der Glamour der Zeremonie der Preisverleihung, der schnöde Mammon, der ein stets apostrophierter Teil der Ehrung ist, die Nutzanwendung, die der Preisidee zugrunde liegt - diesem allem ist der Mathematiker aus tiefster Seele abhold.

Mathematiker sind introvertiert und neigen zum Understatement. Ihre Aura liegt im Schwerpunkt des Dreiecks, dessen Eckpunkte ruhig, still und temperamentlos heißen.

Mathematiker eignen sich als Romanhelden und Filmstars. Und zwar nicht nur als Knallchargen in geistlosen und sinnentleerten Paukerfilmen. Jeder Mathematiker (und hier muss deutlich unterschieden werden: vermutlich nicht jede Mathematikerin) wird auch ein Stück von sich selbst in der brillanten Biographie „A Beautiful Mind" von Sylvia Nasar und der kongenialen Verfilmung mit Russell Crowe über das Leben des genialen Mathematikers (und Nobelpreisträgers der Wirtschaftswissenschaften) John Nash entdecken.

Mathematiker sind humorlos. In mathematischen Zirkeln werden pennälerhafte Wortspiele mit Begriffen wie Körper, Gruppe und Ring allenfalls toleriert, Witze herkömmlicher Art eher tabuisiert und Satiriker kurzerhand exkommuniziert.

Mathematiker haben ihre eigenen „Witze". Einer der bekanntesten ist der nach seinem Entdecker Viggo Bruns benannte „Brunssche Witz". Dieser macht eine genaue Aussage über die Reihe der Kehrwerte aller Primzahlzwillinge[1], obwohl nicht bekannt ist, ob es unendlich viele Primzahlzwillinge oder ein größtes Paar gibt. (Eine anschauliche Umschreibung dafür: Man weiß nicht, wieviel Geld man besitzt, kann aber auf den Cent genau sagen, was man sich für sein Geld kaufen kann.)

Mathematiker haben ein ambivalentes Verhältnis zu Computern. Die Stupidität dieses auf simpler Ja-Nein-Logik basierenden Gerätes stößt sie ab, seine Effizienz ist ihnen verdächtig, seine (gemessen am Zirkel-und-

---

[1] Primzahlzwillinge sind Primzahlpaare, die nur durch eine gerade Zahl voneinander getrennt sind, deren Differenz also gleich 2 ist. Zum Beispiel sind 3 und 5, 5 und 7, 11 und 13 oder 59 und 61 solche Paare.

Lineal-Standard) frappierende Virtuosität bei der graphischen Darstellung mathematischer Objekte erscheint ihnen unseriös. Diese Ambiguität hat sich geradezu zu einer Hassliebe entwickelt, seit es gelungen ist, zwei der bedeutendsten mathematischen Fragestellungen, die Fermatsche Vermutung und das Vierfarbenproblem, (nur) mit Hilfe von Computerprogrammen zu lösen.

Mathematiker sind geprägt von dem logischen Prinzip „tertium non datur". Sie haben den geradezu selbstzerstörerischen Hang, bei der Behandlung aller ihnen gestellten Fragen nach der einen einzigen richtigen Antwort zu suchen und deren Gegenteil als falsch zu verwerfen. Nuancen sind ihnen suspekt, Differenzierungen erscheinen ihnen unseriös, Zwischentöne werden als „white noise" ausgesondert.

Mathematiker sind Experten, Fachleute. Sie sind es insbesondere in dem Sinne, dass gewisse Leistungen nur von ihnen (oder von jemandem, der in hohem Maße denken und handeln kann wie sie) vollbracht werden können. Da Mathematik in vielen Bereichen von Theorie und Praxis, von Wissenschaft, Forschung und Anwendung nicht substituierbar (sondern, ganz im Gegenteil, häufig konstitutiv) ist, sind die Mathematiker unersetzlich. Dies ist ihnen auch bewusst, aber es interessiert sie nur am Rande.

Mathematiker verbringen einen Teil ihres Berufslebens als Taxifahrer. Diese Karriere beginnt typischerweise mit einem Proseminarvortrag über Projektive Geometrie und geht über Diplom, Promotion und Habilitation, finanziert durch sogenannte halbe Stellen, Stipendien und Lehraufträge, in ein Stadium der Überqualifikation für Berufe außerhalb der Hochschulen über. Eine stiefmütterliche Alma Mater verweist auf fehlende Planstellen (und offensichtlich ausgebliebene Rufe). Am Ende schätzt sich der nicht mehr ganz junge Mensch, der sich einmal mit großem Enthusiasmus und hoher Motivation der Mathematik widmete, glücklich, zumindest hinreichend viele Sekundärtugenden erworben zu haben, die ihn zu einem Dienstleister qualifizieren.

Mathematiker sind Menschen. Mag ihr Erkenntnisstreben noch so idealistisch sein, mag ihr Kalkül noch so abstrakt angelegt sein und ihre Methodik noch so rational – Mathematiker sind auch emotional, irrational und, wie die Geschichte zeigt, leider absolut nicht immun gegen extreme und menschenfeindliche Ideologien.

Die Mathematik ist in mehrfacher Hinsicht einzigartig. Sie ist im Kern eine Geisteswissenschaft mit Auswirkungen und Anwendungen in den Naturwissenschaften, den Sozialwissenschaften und vielen anderen Disziplinen, Fachgebieten und Bereichen von Wissenschaft, Forschung und Praxis, deren Bedeutung gar nicht zu überschätzen ist. Sie ist ein Substrat unserer Welt, im Großen und im Kleinen, im Allgemeinen und im Speziellen.

Teil 2. Cui bono?

Die „angewandten" Mathematiker

Zu den never ending stories der innermathematischen Diskussion gehört die Frage, ob die Aufteilung in Reine und Angewandte Mathematik sinnvoll, zweckmäßig oder auch nur erlaubt ist. Unbestreitbar ist, dass es Gebiete der Mathematik gibt, deren Methoden und Resultate sich einer konkreten Anwendung in der Praxis von Industrieunternehmen und vergleichbaren Nutzern entziehen, während andere Bereiche Modelle und Verfahren bereitstellen, die man direkt oder indirekt zur Erfüllung eines wirtschaftlichen Zweckes anwenden kann.

Die Grenzen sind fließend. Für den mathematischen Sachbearbeiter im Statistischen Bundesamt sind detaillierte Kenntnisse über praktische Verfahren der Nichtparametrischen Statistik unverzichtbar, aber die Lemmata von LeCam, die eine Grundlage der modernen Theorie der Rangtests bilden, muss er dazu nicht einmal dem Namen nach kennen. Um numerische Auswertungen, die noch einen großen Teil der Arbeitszeit und -kraft seines Vorgängers verschlungen haben, braucht er sich nicht zu kümmern, diese Arbeiten erledigt sein Computer dank leicht und billig erhältlicher Software für ihn. Sein Vorgesetzter ist möglicherweise ein Jurist, der nichts von Statistik versteht. Das hätte allerdings zur Folge, dass dieser keine (qualifizierten) Fragen zu den benutzten Verfahren stellen und erst recht keine substantiellen Anregungen zu Verbesserungen machen kann.
Fazit, kurz und bündig: Es gibt eine (große) Zahl von Tätigkeiten, Berufen und Berufsbildern, die mathematische Kenntnisse und Fähigkeiten erfordern. Fortschritte können aber nur erzielt, Weiterentwicklungen nur vorangetrieben werden, wenn die Fachleute, möglichst aber auch die Vorgesetzten, über Grundlagenwissen verfügen, das über das Niveau des „state of the art" hinausgeht. Automatisierbare, digitalisierbare Arbeiten entfallen mit der Weiterentwicklung der Computertechnologie und dem Voranschreiten des Internet und anderer medialer und kommunikativer elektronischer Plattformen immer mehr.

Die Finanzmathematiker

Eine der schrecklichsten Beleidigungen, die man Mathematikern antun kann, besteht darin, ihr Metier zur „Hilfswissenschaft" für andere Wissenschaften zu degradieren. Zwar zieht niemand die überaus fruchtbare, jahrtausendelange Interaktion zwischen Mathematik und Naturwissenschaften, insbesondere der Physik, in Zweifel, aber genauso wenig würde man es der (zumindest subkutan so eingestuften) „Königin der Wissenschaften" zumuten wollen, in eine dienende Funktion zu treten.
Mit dem Eindringen vertiefter quantitativer Methoden in die Wirtschaftswissenschaften ist eine neue Schnittstelle entstanden - zum Leidwesen vieler klassischer Ökonomen ebenso wie der reinen Mathematiker, zur Freude derjenigen, denen die herkömmliche qualitative Betrachtungsweise der traditionellen Volks- und Betriebswirtschaftslehre nicht zeitgemäß, nicht ausreichend oder nicht exakt genug erscheint.
Es ist wohl nicht übertrieben, von einem Triumphzug zu sprechen, mit dem die neue Finanzmathematik Einzug gehalten hat in die wirtschaftswissenschaftlichen Fakultäten, die Banken, Fondsgesellschaften und Beratungsinstitute und in dessen Verlauf sie die Berufsbilder, Profile und Tätigkeiten der Kapitalanleger, Analysten und Börsianer grundlegend verändert hat. Embedded Value, Appraisal Value, Arbitrage Pricing Model, Option Pricing Model, Black-Scholes-Formel, Asset-Liability-Matching – die „moderne" Ökonomie bietet ein schier unerschöpfliches Füllhorn von Begriffen, Modellen und Methoden, die allesamt ohne mathematische Fähigkeiten und Kenntnisse weder zu verstehen noch zu beurteilen oder gar zu beherrschen sind.

Stark verkürzt und zugespitzt: Die Euphorie bezüglich der Bedeutung, Angemessenheit, Zweckmäßigkeit und Zuverlässigkeit der finanzmathematischen Wundertüte ist einer Ernüchterung, wenn nicht Enttäuschung, gewichen. Das bedeutet aber keinesfalls, dass das Pendel nun ins andere Extrem ausgeschlagen ist. Zwar sind die Prognose-Magier weitgehend entzaubert und die Surfer auf dem Wellenkamm der Kurseuphorie wieder auf dem Boden der ökonomischen Tatsachen gelandet – aber niemand kann (und sollte) das Rad der quantitativen Durchdringung, Beschreibung und Behandlung ökonomischer Sachverhalte zurückdrehen. Die Kapitalmärkte und ihre Institutionen brauchen die Mathematiker, und zwar auf allen operativen Ebenen und Stufen ebenso wie im Management.

Die Versicherungsmathematiker

In keiner Sparte, in keiner Branche einer Industriegesellschaft wird den Mathematikern die Existenzberechtigung so wenig abgestritten wie in der Assekuranz, genauer: in der Personenversicherung. Die private Lebens- und Krankenversicherung ist ohne Versicherungsmathematiker nicht denkbar. Sie sind seit jeher zuständig für die Bereitstellung der Rechnungsgrundlagen und die Kalkulation der Beiträge und Reserven.
Speziell in Deutschland haben die Aktuare in den vergangenen Jahren stark an Bedeutung, Verantwortung und Reputation gewonnen. Durch den Wegfall der materiellen Staatsaufsicht sind die Mathematiker zu Produktmanagern und, speziell in der Funktion des Verantwortlichen Aktuars, zu einer internen Controlling-Instanz geworden. Der zunehmende Wettbewerb einerseits und die verstärkte Volatilität der Kapitalmärkte andererseits haben darüber hinaus dazu geführt, dass die Fixierung der Versicherungsmathematiker auf die Passiv-Seite der Bilanz durch eine umfassendere, mehr am Asset-Liability- und Risk-Management orientierte Betrachtungsweise abgelöst wurde.

Es ist in diesem Fall ganz einfach: Die ohnehin schon beachtliche Bedeutung der Mathematiker in der Assekuranz wird weiter zunehmen. (Die hämische Behauptung, Versicherungsmathematik sei im wesentlichen durch ein wenig Sterblichkeit angereicherte Zinseszinsrechnung, hat im übrigen noch nie gestimmt. Wer zum Beispiel einmal an einer Grundsatzdiskussion von Versicherungsmathematikern über die Gestaltung eines Erlebensfallbonus zur Überschussverwendung in der kapitalbildenden Lebensversicherung teilgenommen hat, wird über die Vielfalt und Vielschichtigkeit der dabei ins Spiel kommenden aktuariellen, bilanziellen und rechtlichen Komponenten staunen. Und den mathematischen Puristen wird es zumindest freuen, dass dabei auch der Name Cantelli fällt, der in vielen Gebieten der Mathematik, so auch in der Wahrscheinlichkeitstheorie und der Versicherungsmathematik, einen guten Klang hat.)

Fraglich ist allerdings, wie lange die Mathematiker in der Schadenversicherung noch auf ihren Durchbruch warten müssen. Sie tragen schwer an den in Teil 1 mitschwingenden Vorurteilen über und Vorbehalten gegen Mathematiker, und es hilft ihnen wenig, dass ihre Modelle und Methoden in Forschung und Lehre einen besseren Ruf genießen als die der Lebensversicherung. Für die maßgeblichen Praktiker ist die Risikotheorie immer noch in erster Linie l'art pour l'art. »Wenn es nicht genützt hat, so hat es doch auch nicht geschadet!« Dieses Lob klingt mir auch nach zwanzig Jahren noch immer in den Ohren. Es war der Kommentar eines Versicherers zu meiner Antrittsvorlesung als Professor für Versicherungsmathematik an der Universität Hamburg. Einige meiner anwesenden Fachkollegen meinten damals übrigens, ich hätte mich in meinen Ausführungen zu stark an den Bedürfnissen der Praxis orientiert.

Die Mathematiker als Gestalter der Informationsgesellschaft

Zu Beginn des dritten Jahrtausends befinden wir uns im Übergang von der Risiko- in die Informationsgesellschaft. Dieser Übergang ist fließend, und die Chancen und Herausforderungen beider Epochen haben viele Gemeinsamkeiten. Die Mathematiker haben bereits in den vergangenen beiden Jahrzehnten in besonderer Weise und vorher nicht gekanntem Ausmaß die Tragweite und Leistungsfähigkeit ihrer Erkenntnisse und Ergebnisse unter Beweis stellen können. Die gesellschaftlichen, politischen und wirtschaftlichen Erfordernisse des Planens und Handelns unter Risiko haben vor allem die Modelle, Methoden und Anwendungen der Mathematischen Stochastik zu unverzichtbaren Handwerkszeugen der Entscheidungsträger und ihrer Zuarbeiter gemacht. Die Mathematiker beherrschen das Risiko nicht, aber sie liefern die Konzepte, um zumindest gewisse Komponenten des Risikos zu meiden, zu vermindern, zu begrenzen oder zu teilen.

In der Informationsgesellschaft sind Informationen, Daten, Fakten, Zahlen die heißeste Ware, die gehandelt wird. Wer Informationen besitzt, auswertet und benutzt, kann erfolgreich agieren, reagieren, steuern und kontrollieren.
Mathematiker sind Meister im Umgang mit Informationen. Sie haben den Blick für das Wesentliche, sie erkennen Muster und Strukturen, sie verfügen über die statistischen und numerischen Verfahren zum Aggregieren, Verdichten, Transformieren, Prüfen und Auswerten von Daten. Die Fortschritte in der Computertechnologie ermöglichen es, alle diese Prozeduren noch viel umfassender, rascher und effektiver durchzuführen, als es in den Zeiten des Abakus, des Rechenschiebers, der Logarithmentafel und der ersten Taschenrechner vorstellbar war.

Heroischer Schluss: Ohne die Mathematik, ohne die Mathematiker läuft nichts mehr. Goldene Zeiten für die Jünger von Euklid und Pythagoras, Euler und Gauß, Bernoulli und Fermat, von Neumann und Nash.

Die Mathematiker als Manager

Die Frage, ob Mathematiker zu Managern taugen, ob sie Eigenschaften haben, die sie in besonderer Weise zu guten Managern qualifizieren, oder ob ihr Naturell, ihre Ausbildung, ihre Kenntnisse und Fähigkeiten sowie ihr Stil im Umgang mit Menschen und ihre Art, Probleme zu lösen und Entscheidungen zu treffen, einem erfolgreichen Management eher abträglich sind, ist in dieser Allgemeinheit natürlich nicht zu beantworten.
Die vielen Körnchen Wahrheit, die in Teil 1 dieser Ausführungen verstreut sind, treffen auf den einen Teil der Mathematiker mehr, auf den anderen weniger zu. Sie sind während der Entwicklung und Reifung eines Menschen, in der Bildung seines Charakters, in der Ausformung von Habitus und Umgangsformen und in der Gestaltung von Präferenzen, Vorlieben und Abneigungen ´mal stärker, ´mal weniger stark vertreten, gelegentlich dominant und phasenweise verborgen.

Das Erkennen von Strukturen, der Blick für das Wesentliche, Beharrungsvermögen und Zähigkeit – all das kann hilfreich und wird oft nötig sein, wenn wirtschaftliche Zusammenhänge eingeschätzt und Entscheidungen daraus abgeleitet und getroffen werden müssen.

Der von Zweifeln und Skrupeln geplagte Hamlet, der in vielen Mathematikern steckt, die Neigung, nach der besten Lösung zu suchen, wenn schnelles Entscheiden oder Handeln gefragt ist, die wenig ausgebildete Fähigkeit, plausibel zu formulieren und verständlich zu kommunizieren, die Unerfahrenheit, wenn nicht Abneigung, Führung und Verantwortung zu übernehmen – all dies können Handicaps für Mathematiker in leitenden Positionen sein.

Hilfreich ist in diesem Zusammenhang die Unterscheidung in prädikatives und funktionales Denken. Das prädikative Denken ist auf die Analyse von Strukturen und Beziehungen konzentriert. Das funktionale Denken zielt auf die Organisation von Handlungsfolgen und die Analyse von Wirkungsweisen. Bei den „typischen" Mathematikern dominiert die prädikative Variante. Ein Manager muss aber in vielen Situationen eher funktional denken.

Um Manager zu sein, muss man zunächst Manager werden, und hierfür darf man sich nicht verhalten wie der sprichwörtliche Hund, der zum Jagen getragen wird.
Mathematiker, die Manager werden wollen, müssen den Marschallstab nicht nur im Tornister mit sich herumtragen, sondern ihn herausnehmen

und zeigen, dass und wie sie mit ihm umzugehen vermögen. Auf Grund ihrer Prägung fällt ihnen dies schwerer als ihren Kollegen und Konkurrenten aus anderen Fachrichtungen.

In der Realität gibt es zahlreiche Mathematiker, die erfolgreiche, ja sogar herausragende Manager sind. Die Chancen stehen gut, dass es noch mehr werden.

Schluss

Wo bleibt das Literaturverzeichnis? Wo das Glossar? Wo die Liste der verwendeten Symbole? Das alles gibt es nicht, denn dies ist keine theoretische Abhandlung und auch keine Darstellung, die Anspruch auf Allgemeinheit, Objektivität oder wissenschaftliche Strenge erhebt. Es handelt sich, ganz im Gegenteil, um eine Zusammenstellung höchst subjektiver Einschätzungen, persönlicher Ansichten, individueller Erfahrungen. Und damit wäre zu guter Letzt auch das „ich" aus der Überschrift erklärt.

Dr. Werner Carstengerdes

Werner Carstengerdes hat an der Universität Kiel Mathematik und Physik studiert, mit dem Staatsexamen für das höhere Lehramt als Abschluss. Im Jahre 1969 promovierte er an der Universität München in Mathematik.

Seit 1970 ist Werner Carstengerdes bei der Volkswagen AG in diversen Aufgabengebieten innerhalb der Informationstechnik in leitender Stellung beschäftigt.
Zurzeit gehört er zum Top-Management der Volkswagen AG und ist als CTO für die IT-Infrastruktur im Konzern verantwortlich.

Dr. Carstengerdes schreibt, dass ihn das Thema „Mathematik und Management" anfänglich zwar irritiert habe, bei näherer Beschäftigung es ihn doch zu interessanten Überlegungen geführt habe, von denen man in der Ausbildung von Führungskräften einige umsetzen sollte. Zum Beispiel seien Organisationen dynamische Systeme und die mathematische Theorie dazu könnte man sehr viel stärker und mit großem Gewinn im Management anwenden.

Mathematik und Management:

Unterschiedliche Disziplinen – gleiche Methoden

Werner Carstengerdes

Als ich gefragt wurde, ob ich einen Beitrag zum Thema Mathematik und Management schreiben wollte, war ich zunächst einigermaßen irritiert. Was konnte es da an Bezug geben? Mir kam eine Anekdote über David Hilbert in den Sinn, jenen großen Mathematiker, der anlässlich eines Mathematikerkongresses gebeten wurde, etwas gegen die Feindschaft zwischen reiner und angewandter Mathematik zu sagen. Er begann dann in Kurzform so: »Ich soll etwas gegen die Feindschaft zwischen reiner und angewandter Mathematik sagen – es hat keine Feindschaft gegeben, es besteht keine Feindschaft, es wird keine Feindschaft geben und es kann keine Feindschaft geben, da reine und angewandte Mathematik nichts miteinander gemein haben.«

So ähnlich kam mir das anfänglich beim Thema Mathematik und Management auch vor. Ich stellte mir einige herausragende Mathematiker – eher verschroben und introvertiert - vor und verglich sie mit bekannten Managern - durchweg extrovertiert. Verbindendes konnte ich nicht erkennen. Eine Feindschaft, gar eine auflösbare, bestand für mich nicht, zu unterschiedlich schienen mir die Charaktere.

Bei intensiverer Beschäftigung mit dem Thema wurde mir jedoch klar, dass ich zu unterscheiden hatte zwischen den handelnden Personen und den Tätigkeiten, denen sie nachgehen: „Mathematik und Mathematiker" so wie „Management und Manager". Wenden wir uns also zunächst von den Personen ab und fragen uns stattdessen: »Was kann Mathematik im Management an Beitrag liefern? Wo und in welcher Weise kann Mathematik helfen? Wo sind Gemeinsamkeiten zwischen Mathematik und Management?«

Mathematik und Mathematiker

Die Mathematik war ursprünglich dazu da, Modelle und Strukturen zu entwickeln, die es ermöglichten, die Welt und die Handlungen ihrer Bewohner zu verstehen. Modelle sind auch und gerade heute notwendig, um die Komplexität von realen Sachverhalten so zu vereinfachen, dass man mit mathematischen Mitteln Schlussfolgerungen und Vorhersagen daraus ableiten kann.

Obwohl die Mathematik und die Naturwissenschaften überall Einzug gehalten haben, ist der Stellenwert von Mathematik und übrigens auch der Naturwissenschaften insgesamt hierzulande eher gering. Das liegt meines Erachtens an der Humboldtschen Erziehungsphilosophie und Schulbildung, die im letzten Jahrhundert angebracht war, aber heute dringend überarbeitet werden muss.
Mathematik wird eher als Zahlenspielerei abgetan ohne praktische Relevanz. In den USA ist das ganz anders, dort ist der gesellschaftliche Stellenwert von Mathematik und Naturwissenschaften viel höher. Es ärgert mich immer wieder, wenn in deutschen Talkshows oder ähnlichen Veranstaltungen jemand kokettierend sagt: »In Mathe war ich auch schlecht«[1]. Und dafür donnernden Applaus erntet.

Bei dieser durchgängig negativen Stimmungslage ist es schon ungewöhnlich, wenn sich ein Nicht-Mathematiker überhaupt einmal die Frage stellt, ob von der Mathematik etwas Nützliches für seine Arbeit zu erwarten sei. Geschweige denn, dass er diese Frage mit einem klaren Ja beantwortet.

Für dieses schlechte Image der Mathematik sind nicht nur die Lehrer verantwortlich. Sie sind angehalten, den Schülern ein bestimmtes Pensum an Stoff beizubringen. Gerade in der Mathematik gelingt das aber nur, wenn bei den Schülern gleichzeitig auch eine Begeisterung für dieses Fach erzeugt wird. Dazu sind die Lehrer aber nicht ausgebildet. Sie müssten durch erstaunliche Problemstellungen und überraschende Ergebnisse Aha-Erlebnisse bei den Schülern bewirken.

Deshalb sind auch Bücher von Martin Gardner, in denen die Mathematik spielerisch vermittelt wird, oder das Buch von Simon Singh über Fermats letzten Satz besser als so manches mathematische Lehrbuch.[2] Spielerisch und mit Begeisterung kommt man einfacher an diesen schwierigen Stoff heran.

---

[1] Den Titel „In Mathe war ich immer schlecht" trägt ein lesenswertes Buch des Giessener Mathematikers A. Beutelspacher

[2] Singhs Buch auch deshalb, weil dort dargestellt wird, wie man zur Lösung eines zahlentheoretischen Problems Methoden aus einem ganz anderen Gebiet anwendet, nämlich dem der elliptischen Funktionen. Bücher von Gardner tragen den Titel: „Mathematischer Karneval" oder „Logik unterm Galgen".

In der Schule geht es viel zu sehr um das Endresultat, der Weg spielt bei der Beschreibung nur eine untergeordnete Rolle. Ohne Kenntnis des Weges und einiger Irrwege lässt sich das Ergebnis aber nur sehr schwer nachvollziehen. Das führt dazu, dass man als Mathematiker oft ehrfürchtig betrachtet und teilweise bewundert wird – was ja auch nicht gerade unangenehm ist.

Aber gerade diese Eitelkeit der Mathematiker ist vielleicht ein weiterer Grund dafür, dass sie sich mitunter wie ein esoterischer Geheimbund verhalten, Kommunikation nur unter Ihresgleichen suchen und in einer Sprache kommunizieren, die auf Außenstehende gestelzt, wenn nicht gar völlig unverständlich wirkt.

Ich habe in den sechziger Jahren in Kiel an einem mathematischen Seminar teilgenommen, das im 3. Obergeschoss des mathematischen Instituts stattfand. Einer der Studenten trug einen Beweis sehr fein, sehr detailliert bis ins letzte i-Tüpfelchen vor. Der Seminarleiter, ein renommierter Mathematik-Professor, griff schließlich ein: »Junger Mann, nehmen Sie doch bitte zur Kenntnis, dass wir uns hier im 3. Obergeschoss und nicht im Erdgeschoss befinden!« Im Erdgeschoss war nämlich das Rechenzentrum.
Diese Arroganz wurde noch von dem bekannten Zahlentheoretiker Hardy übertroffen, der sagte, er habe nie etwas gemacht, das „nützlich" gewesen wäre.[3]

Die Mathematik hat kein gutes Wissensmanagement und praktisch überhaupt kein Marketing. Sonst würde man auch nicht immer wieder Mathematik mit Rechnen und Zahlenspielereien gleichsetzen. Die Art und Weise, wie Mathematiker veröffentlichen, ist analytisch und deduktiv. Deshalb werden sie auch als Prototypen für Menschen mit stark ausgebildeter linker Hirnhälfte angesehen. Doch gerade mathematische Erfahrung und Intuition sowie Kreativität bei der Suche nach Problemlösungen sind wesentliche Grundbausteine für erfolgreiche Mathematiker. Die Entstehung von neuen mathematischen Erkenntnissen hat eben nichts mit der Veröffentlichung dieser Erkenntnisse gemein. Meine These ist: Erfolgreiche Mathematiker nutzen die linke und die rechte Hirnhälfte gleichmäßig stark.

[3] Nachzulesen in Davis/Hersh : Erfahrung Mathematik

Management und Manager

Management ist zielorientiertes Führen einer Gruppe. Es wird also der Schwerpunkt auf das Führen gesetzt, d. h. Teamführungsfähigkeit, Kommunikationsfähigkeit und Konfliktfähigkeit. Vielleicht ist es etwas gehässig, wenn ich behaupte, dass weniger Gewicht auf das Setzen von „richtigen" Zielen gelegt wird. Aber dabei muss auch Fachwissen und Problemlösungsfähigkeit vorhanden sein.
Es gibt sicher viele Beispiele dafür, dass gute Fachleute miserable Führungskräfte sind. Aber es gibt ebenso viele Beispiele dafür, dass Führungsfähigkeit ohne Fachkenntnisse je nach Verantwortungsbereich des Managers sich verheerend auswirken kann.
Eine Führungskraft muss in der Lage sein, gelegentlich auch fachlich ins Detail einsteigen zu können und richtige Fragen zu stellen. Die so genannte Helikopterfähigkeit[4] sollte nicht nur genannt, sondern auch ständig angewandt werden.

Heutzutage spricht man viel von Prozessen und Netzwerken, in denen die einzelnen Aufgabengebiete die Knoten und die Beziehungen zu anderen Bereichen die Kanten sind. Wenn man dieses Bild vor Augen hat, muss ein Manager sich mehr mit den Kanten als mit den Knoten beschäftigen. Damit erhält er automatisch einen besseren Überblick über Zusammenhänge im Netzwerk und Auswirkungen seines Aufgabengebietes.

Wenn man erfolgreiche Top-Manager betrachtet, wird man sehen, dass Intuition, Phantasie, Kreativität, Durchsetzungsfähigkeit und Charisma sowie schnelles Erkennen und Analysieren von Situationen bzw. Gesamtzusammenhängen wesentliche Charaktermerkmale sind. Mehrfach ist mir aufgefallen, dass bildhafte Darstellungen von Situationen und Beziehungsgeflechten für sie ein Mittel zur schnellen Erfassung von Problemen sind. Sie sind also in der Lage, rechte und linke Hirnhälfte in guter Kombination arbeiten zu lassen.

Meine Erfahrung ist zudem, dass erfolgreiche Top-Manager Management-Philosophien und -Techniken wenig beachten oder zumindest kaum anwenden und vielmehr einen eigenen Stil verfolgen. Das heißt natürlich nicht, dass diese Empfehlungen nicht hilfreich sind, aber ihre Befolgung oder Anwendung ist nicht unbedingt ein Differenzierungsmerkmal zwischen erfolglosen und erfolgreichen Managern.

---

[4] Womit nicht gemeint ist, möglichst viel Staub aufzuwirbeln!

Ähnlichkeiten im Vorgehen

Was macht man in der Mathematik und der Naturwissenschaft? Man abstrahiert, man bildet Modelle, man erkennt oder bildet Strukturen, um nicht nur zu verstehen, sondern auch optimale Strategien für bestimmte Vorgehensweisen daraus abzuleiten.
Ähnlich ist es im Management – man muss sich ein Bild machen, welche Modelle es gibt und welches Modell man eigentlich verfolgen will. Außerdem muss man die Randbedingungen und die Grenzen der Modelle erkennen. Und was in der Mathematik häufig notwendig ist, nämlich manchmal nur über Umwege zum Ziel zu kommen, das ist im Management ständige Praxis. Übertrieben ausgedrückt, sind das genau die Methoden, mit denen die Wissenschaft unsere Umwelt erkennbar oder begreifbar macht.

Was könnte man aus der Mathematik im Management nutzen? Das sind Modellbildung, Strukturerkennung und Analysen über Prozesse und Netzwerke sowie Organisationen und menschliche Verhaltensweisen. Dazu gehört auch eine präzise Beschreibung eines Problems; mitunter ist es eben unvermeidlich, ein bisschen formal zu sein.
Manchmal lächelt man ja auch über Mathematiker, wenn sie ein Problem in einer Weise beschreiben, die in den Ohren der Zuhörer überzogen formal und gestelzt klingt. Doch es täte einigen Managern auch gut, in ihrer Sprache etwas präziser zu sein, was natürlich auch heißt, dass man sich festlegen muss.

Eine weitere mathematische Besonderheit ist die Ästhetik: Komplizierte umständliche Beweise sind in der Mathematik schlimmer und verhasster als gar keine Beweise. Ästhetik ist auch im Management ein Thema. Vieles ist so komplex, dass es unheimlich wichtig ist zu vereinfachen, und zwar in einer präsentablen Weise.
Der Manager tut gut daran, seine Darstellung auch unter ästhetischen Gesichtspunkten zu wählen, und dazu gehört zweifellos auch eine Form der Einfachheit. Es ist besser, eine vereinfachte Darstellung eines Sachverhaltes zu geben und die komplexen Vorgänge danach durch Analogien und Assoziationen in den Köpfen der Zuhörer zu erzeugen, als umgekehrt die Zuhörer durch eine zu komplizierte Darstellung nicht zu erreichen.

Aus meiner Sicht sind es eher die Vorgehensweisen der Mathematik als die Mathematik selbst, die man für das Management übernehmen kann. Ein Optimierungsprogramm in der Verkehrsleittechnik bedeutet eine direkte Anwendung der Mathematik, während es im Management eher um die Übernahme von Vorgehens- und Verhaltensweisen aus der Mathematik geht.

Ein Beispiel für eine zumindest zukünftige Anwendung der Mathematik ist die Komplexitäts- und Chaos-Theorie. Organismen und Organisationen – also meiner Ansicht nach verhalten sich Organisationen wie Organismen – haben bestimmte Verhaltensweisen, die sich mathematisch modellieren lassen. Aus meiner Sicht haben wir es in Organisationen mit dynamischen Systemen zu tun. Die sind in aller Regel chaotisch. Über das Verhalten solcher Systeme gibt es eine umfangreiche mathematische Theorie, die man sehr viel stärker und mit großem Gewinn im Management anwenden könnte und sollte.
Dabei genügt es allerdings nicht, eine modellhafte Beschreibung eines Problems zu geben und es damit bewenden zu lassen. Vielmehr kann so etwas nur der Ausgangspunkt für weitere Untersuchungen sein. Dabei spielen dann Dinge wie das Erkennen von Analogien zu bereits gelösten Problemen und das Modifizieren oder Verallgemeinern der Probleme eine Rolle.

Unterschiede zwischen Mathematikern und Managern

Dass mathematisches Denken und Handeln bisher im Management von Unternehmen kaum praktiziert wird, liegt sicherlich an einem Mangel an Kommunikation. Das hat selbstverständlich mit den handelnden Personen und deren Charaktereigenschaften und Qualifikationen zu tun, ist aber nicht allein damit erklärbar. Sicherlich gibt es zwischen Mathematik und Management prinzipielle Unterschiede in der Kommunikation. Es ist aber nicht so, dass diese Unterschiede einfach nur trennen, vielmehr können auch in dieser Hinsicht beide Disziplinen von einander lernen, wenn nur deren Vertreter aufeinander zugehen.

Im Management ist die Persönlichkeit der Handelnden von Belang und steht oft sogar im Vordergrund. Die Ausstrahlung auf Mitarbeiter, Kunden und andere Gruppen, von denen sie abhängig sind, entscheidet wesentlich mit über Erfolg oder Misserfolg. Der Manager braucht Gespür für Zwischentöne. In der Mathematik braucht man keine Psychologie, um Probleme zu lösen, weil man dabei nicht auf andere Personen angewiesen ist, die einem zuarbeiten. Kurz gesagt, Kommunikationsfähigkeit ist eine wesentliche Eigenschaft von Managern und Problemlösungsfähigkeit von Mathematikern. Beiden Disziplinen würde es gut anstehen, die jeweils anderen Schwerpunkte verstärkt zu berücksichtigen.

Wie schon erwähnt, gibt es Mathematiker und Naturwissenschaftler, die stärker auf Kommunikation und Verständlichkeit achten und somit mit ihren Büchern sowohl Interesse für Mathematik und Naturwissenschaft wecken, als auch einfache Zugänge zu den schwierigen Themen ermöglichen. Neben Martin Gardner ist vor allem der Physiker George Gamow zu erwähnen, der Bücher geschrieben hat wie „Mister Tomkins´ Reisen durch Kosmos und Mikrokosmos" und „Eins zwei drei... Unendlichkeit".[5]

Ein Beispiel aus einem Gamow-Buch, wie man komplexe Sachverhalte durch einfache Methoden vermitteln kann, ist die Darstellung eines vierdimensionalen Würfels. Wie ein dreidimensionaler Würfel auf eine Ebene projiziert zwei an den Ecken miteinander verbundene Quadrate erzeugt, so würde ein vierdimensionaler Würfel zwei an den Ecken miteinander verbundene Würfel als Projektion im dreidimensionalen Raum aufspannen.

Resümee

In der Mathematik und im Management gibt es starke Ähnlichkeiten in den Vorgehensweisen, in den Persönlichkeitsstrukturen von Mathematikern und Managern sind jedoch stärkere Unterschiede zu erkennen. Wesentliche trennende Eigenschaft ist die Kommunikationsfähigkeit. Das heißt natürlich nicht, dass es nicht kommunikationsfähige Mathematiker und Manager mit starken Analyse-Fähigkeiten gibt. Eine engere Verbindung der beiden Disziplinen in der Ausbildung ist dringend anzuraten.

An dieser Stelle möchte ich davor warnen, unsere Kinder entsprechend den bei ihnen erkannten Fähigkeiten zu frühzeitig nur auf bestimmte Spezialgebiete zu lenken. Man sollte ihnen vielmehr die Möglichkeiten bieten, sich in mehreren Disziplinen zu versuchen, denn in der Zukunft werden mehr vielseitige, flexible und weniger festgefahrene Persönlichkeiten benötigt.

Einen Schlussgedanken möchte ich noch darlegen, der vielleicht eher abwegig erscheint, aber meines Erachtens trotzdem wesentlich zum Verständnis von Mathematikern und Managern beiträgt. Erfahrung und Intuition sind vielleicht nicht lehrbar, aber ohne sie würden weder Mathematiker noch Manager erfolgreich sein. Gerade in der Mathematik wird man

[5] Ebenfalls interessant und allseits beliebt – wenn auch teils schwer verständlich – sind die populär-wissenschaftlichen Bücher von Stephen Hawking (zum Beispiel „Eine kurze Geschichte der Zeit" und „Das Universum in der Nussschale").

sich eher gegen diese Behauptung wehren. Aber in dem bereits erwähnten Buch „Erfahrung Mathematik" von Davis und Hersh, wird die These vertreten, Mathematik sei eine Erfahrungswissenschaft. So direkt wird es zwar nicht gesagt, aber die Autoren meinen schon, dass ein Mathematiker dadurch erfolgreich wird, dass er seine Erfahrung mit seiner Intuition paart. Ähnliches kann man auch von Managern sagen.

Das Thema „Mathematik und Management" hat mich zwar am Anfang irritiert, aber bei näherer Beschäftigung hat es mich doch zu interessanten Überlegungen geführt, von denen man möglicherweise in der Ausbildung von Führungskräften einige umsetzen könnte.

Dr. Conrad H. H. Reynvaan

Conrad H. H. Reynvaan war bereits als Gymnasiast Abteilungsleiter eines Sportvereins (Fechten) und Leiter deutsch-französischer Jugendgruppen. Nach dem Abitur studierte er Mathematik in Frankfurt am Main und in Freiburg, mit den Nebenfächern Biologie und Physik. Sowohl Studium als auch Promotion (1978) wurden durch ein Stipendium der Studienstiftung des Deutschen Volkes gefördert.
Im Jahr 1978 trat Dr. Reynvaan in die Deutsche Carbone AG ein (Zulieferer u. a. für die Automobilindustrie), wo er bis 1998 blieb und dabei einen Aufstieg vom Direktionsassistenten bis zum Vorstandsmitglied nahm, die letzten drei Jahre davon als Vorstandsvorsitzender. Zwischen 1984 und 1995 war er zu zahlreichen längeren Aufenthalten bei der französischen Muttergesellschaft Carbone Lorraine in der Nähe von Paris.

In die Zeit von 1995 bis 1998 fällt die erfolgreiche Durchführung eines „cultural change program" mit dem Ziel der Restrukturierung der Firma in eine flache prozessorientierte Teamorganisation.

Seit 2002 ist Conrad Reynvaan Vorstandsvorsitzender der Hoffmann & Co Elektrokohle AG in Steeg (Österreich). Zwischenzeitlich war er Seniorberater bei Ulrich Hirsch & Partner Unternehmensberater, Bonn.

In seinem Beitrag illustriert Conrad Reynvaan an einem verblüffenden und fantasievollen Beispiel, wie sich mathematische Prinzipien auf konkrete Situationen in der Unternehmensentwicklung erfolgreich übertragen lassen.

Kreativität und mathematisches Denken

Conrad Reynvaan

Als ich zwölf oder dreizehn Jahre alt war, kam mein Weltbild durcheinander. Vorher war Erkenntnis immer Erklärung von etwas, das man betrachtete und ihm dann einen neuen Namen gab: »Das sind Legosteine.« »Das ist Schiefer, der Taunus ist ein Schiefergebirge« sind solche Aussagen. Entsprechend rechneten wir Aufgaben wie:

$$X=2*4 + 7$$

Also links eine Unbekannte, rechts Bekanntes als Erklärung. Dann plötzlich:

$$X=3*X - 4$$

Ich war sehr irritiert, denn wie kann man denn behaupten etwas (X) durch sich selbst (3∗X) zu erklären. Mich hat das erst einmal sehr durcheinander gebracht. Sie auch? Haben Sie anschließend verstanden, was da los ist? Es ist auch möglich, Regeln zu lernen, wie man mit solchen Gleichungen umgeht. Es gibt dann eine Gewöhnung und die Verblüffung verschwindet. Das ist nicht dasselbe wie „verstehen". Wenn Ihr Kind an dieser Stelle des Unterrichts auch Schwierigkeiten hat, freuen Sie sich, vielleicht wird es Mathematik studieren. Noch genauer erinnere ich mich an den Schock von:

$$f(x) = f'(x)$$

Wieder scheint es, als würde etwas durch sich selbst erklärt!

Die Operation, aus einer Funktion f ein f′ zu machen, nennt man „ableiten". Wie das geht und was das ist, brauchen Sie zum weiteren Verständnis nicht zu wissen. Nun leiten Sie Polynome ab, es kommen Polynome raus. Sie leiten Winkelfunktionen ab, es kommen Winkelfunktionen raus. Dann fragen Sie sich: »Welche Funktion ist denn gleich Ihrer Ableitung?«, und es „entsteht" eine Funktion, die es für Sie vorher nicht gab! Ist das nicht richtig kreativ?

Es ist zum Weiterlesen nicht wichtig, dass Sie Differentialgleichungen wie zum Beispiel $f(x)=f'(x)$ verstehen, denn es geht mir hier nur um eines:

Mathematisches Denken führt dazu, damit umgehen zu können, dass Objekte dadurch „entstehen", dass man versuchsweise behauptet, es gäbe sie und sie hätten gewisse Beziehungen zu sich selbst oder untereinander. Diese „Objekte" sind bei den Mathematikern Objekte des Denkens.

Im Management nennen wir das Entstehen von etwas ganz Neuem „abrupten Wandel" oder „disruptive change". Meine Folgerung ist:

Mathematisch gebildete Menschen können besonders gut die Kreativität an den Tag legen, die für sinnvollen abrupten Wandel nötig ist.
Ist denn abrupter Wandel nötig? Ja, der Hauptdruck kommt durch die Globalisierung, vom Internet und der mobilen Kommunikation, vielleicht auch bald von steigenden Erdölpreisen oder Klimaveränderungen.

Mathematiker wissen, dass es nicht immer funktioniert, versuchsweise zu behaupten, dass es etwas gibt, was durch sich selbst definiert wird:

$$X = X + 1$$

Offenbar kann man nicht einfach „irgendetwas" fordern und den Anspruch haben, dass eine „Lösung" gefunden wird. Manchmal ist die Lösungsmenge nämlich leer.
Als Manager sollten wir vermeiden, ohne Einsicht in Zusammenhänge etwas zu fordern, nur weil wir es uns wünschen. Unsere Aussagen könnten dann ebenso sinnvoll sein wie X=X+1, und das ist demotivierend für die Mitarbeiter und wird als Phrase empfunden.

»Ab jetzt werden wir alle härter arbeiten!«

»Da die Konjunktur schlecht ist, sparen wir in diesem Jahr in allen Bereichen 15% ein.«

»Nach Jahren von Verlusten sind wir nun bei 6% Gewinn im Werk. Das Ziel ist, dies in vier Jahren auf 15% zu erhöhen.«

Nehmen wir mal ein Beispiel aus dem Betriebsalltag, bei dem die Lösungsmenge nicht leer ist:

Betrachten wir folgende Kenngrößen:

U Umsatz

P Produktivitätssteigerungen

R Geäußerte sinnvolle Rationalisierungsideen der Mitarbeiter in der Produktion

Stellen Sie sich eine Firma vor, Automobilzulieferer vielleicht, unter Kostendruck – irgendwie momentan kein rechtes Wachstum und heftiger Druck auf die Preise. Was wird passieren?
R wird kleiner, denn es rationalisiert sich niemand selbst weg, auch nicht den Kollegen, nach dem Motto: »Wenn die Arbeit reichen soll, nimm die Schaufel nicht so voll«. Es sinkt dann auch P, weil die Ideen zur Rationalisierung ausbleiben. Damit wird man bei manchen heiß umkämpften Großserien nicht mehr mithalten können und dann sinkt U oder wächst nicht mehr in der gleichen Geschwindigkeit wie bei den Konkurrenten, was auf dasselbe hinausläuft. Der Druck auf die Mitarbeiter steigt und der Kreis schließt sich.

Wie können Sie als Manager das ändern? Denken Sie sich zunächst das andere Szenario:
Der Umsatz steigt, Sie können daher den Mitarbeitern klar machen, dass niemand entlassen wird, auch wenn stark rationalisiert wird. R steigt, P steigt, Sie werden konkurrenzfähiger und U steigt weiter.
Fein wäre es – nur wie kommen Sie dahin? Machen Sie es einfach wie die Mathematiker, Sie denken sich den neuen Zustand und *handeln dann selbst so, als ob er schon existiere*. Gleichzeitig schwören Sie das ganze System auf den neuen Zustand ein. Konkret: Sie versprechen den Mitarbeitern *niemanden zu entlassen, falls durch die Hilfe der Mitarbeiter stark rationalisiert wird!*
Dieses Beispiel stammt aus der Praxis. Ich weiß, dass es funktioniert.

Das beschriebene Vorgehen ist nicht einfach „positive thinking". Sie dürfen die Lage nicht schönreden. Es geht um Systemverständnis *und* Wissen ums Detail. Sie müssen die Denkmöglichkeiten konkretisieren können, sonst stellen Sie nämlich eine Forderung auf wie X=X+1.
Wichtig ist auch: *Denken* allein reicht dabei nicht. Sie müssen sich in den neuen Zustand „visionär" hineinversetzen, ihn sehen, ihn mit allen Sinnen *empfinden*, und die Gefühle der Betroffenen selbst *fühlen* können. Erst dann wird ihre Überzeugungskraft groß genug, andere Menschen dorthin zu bewegen. Dazu braucht man Phantasie, die Mathematiker haben, und die Fähigkeit, sich in eigene und fremde Gefühlsmuster von zukünftigen, nur vorgestellten Umwelten hineinzuversetzen. Das letztere haben vielleicht nicht alle Mathematiker besonders stark entwickelt.

Zurück zum Beispiel: Wenn Sie Mitarbeiter und Kunden überzeugen können, kippen Sie das System in den Wachstumszustand. Damit werden die Arbeitsplätze sicherer. Also werden alle Mitarbeiter begreifen, dass sie ein gemeinsames Interesse haben, Ihre neue Sicht der Welt Wirklichkeit

werden zu lassen – und diese Erkenntnis ist ein wesentlicher Beitrag zur Erhöhung der Erfolgswahrscheinlichkeit Ihres Vorgehens. Wie im Beispiel der ausbleibenden Rationalisierungsvorschläge. Sie müssen daher diesen Regelkreis auch ihren Mitarbeitern bewusst machen.
Solche Regelkreise sind viel beschrieben worden. Am bekanntesten ist dazu das Buch „Die fünfte Disziplin" von Peter Senge. Um zu einem neuen Zustand zu kommen, wird meistens geraten, nach einer Stelle zu suchen, an der ein „Hebel" angesetzt werden kann. Manchmal gibt es solche Hebel. Sie brauchen nur ein wenig an einer geeigneten Stelle des Regelkreises zu verändern und schon fängt das gesamte System an, sich zum Besseren zu entwickeln.
Herausfordernder und meiner Meinung nach häufiger sind Systeme, bei denen, wie im Beispiel der ausbleibenden Rationalisierungsvorschläge, *gleichzeitig* mehrere Teile des Regelkreises einen anderen Zustand einnehmen *müssen*, um zu einer Bewegung aus dem alten Gleichgewicht heraus zu kommen. Ganz allgemein formuliert: Alles was ist, befindet sich – so wie es ist – im Zusammenhang mit anderen Dingen, Zuständen, Handlungsmustern, Fähigkeiten, Glaubensvorstellungen und Werten. Es ist in einem Netz von Regelkreisen verknüpft und hat an vielen Regelkreisen Anteil.
Daher ist die Wirklichkeit auch relativ stabil und daher ist es so schwierig, einzelne „Knoten" im Netz zu ändern. Die anderen Elemente der Regelkreise führen das geänderte Element immer wieder in die Ausgangslage zurück. Im Wort „Realität" stecken die Dinge („res") und binden („ligare"). Das Wort „Wirklichkeit" erinnert an die Wirkungen zwischen den einzelnen Elementen.

Beispiel: Es ist nicht möglich, das Betriebsklima zu verbessern, indem *nur* Führungskräfte geschult werden. Die „alte" Erwartungshaltung der Mitarbeiter wird auch neues Verhalten „alt" interpretieren und zum Beispiel einen echten Versuch der Beteiligung von Betroffenen als besonders hinterhältigen Trick zur Motivation auffassen. (»Jetzt dürfen wir ´mal mitreden, damit wir besser spuren!«). Dann ist geändertes Verhalten von Führungskräften nicht lange aufrecht zu erhalten.

BSC (Balanced Score Cards) sind eine hilfreiche Möglichkeit, wichtige Regelkreise zu entdecken. Im BSC Ansatz werden vier Perspektiven betrachtet: Mitarbeiter – interne Prozesse – Kunden – Finanzen. Der Regelkreis ist dann:

Fähigkeiten und Verhalten der Mitarbeiter führen zu gewissen

internen Abläufen. Diese beeinflussen

Kundenverhalten und Image, mit direkter Wirkung auf

die Finanzsituation (Umsatz und Gewinn).

Die Finanzsituation erlaubt dann – oder erlaubt es eben nicht –, die Fähigkeiten der Mitarbeiter weiter zu entwickeln. Dies schließt den Regelkreis.
Solche Regelkreise sind Gleichungen. Wieso? Die Regelkreise verbinden Elemente miteinander, wobei der Zustand jedes Elements von den Inputs anderer Elemente abhängt, also eine Funktion davon ist.

In einem einfachen Fall gibt es ein Element x, das wirkt auf y. Element y wirkt auf z und z auf x. Die Abhängigkeiten seien beschrieben durch:

$$f(x) = y$$

$$g(y) = z$$

$$h(z) = x$$

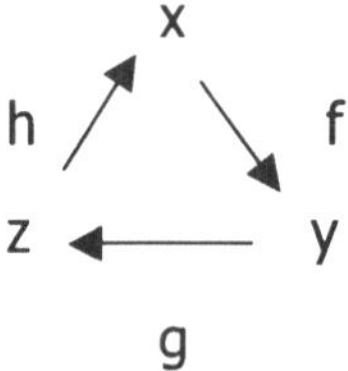

Eine Lösung gibt es immer – denn das ist der gerade aktuelle Zustand. Die Frage ist, was gibt es noch für andere Lösungen?

Es ist also eine Ausprägung der Elemente x, y, z zu suchen, die alle Funktionen gleichzeitig erfüllt, und natürlich sollte diese Ausprägung einer anzustrebenden, *attraktiven* Wirklichkeit entsprechen.

Eine Strategie für Wandel erarbeiten heißt daher, in dreifachem Sinn kreativ zu sein:

1. Die wesentlichen Regelkreise entdecken, die uns im aktuellen Zustand festhalten.
2. Eine neue Lösung dieser „Gleichungen" erdenken und als Vision vorstellbar machen.
3. Einen Weg aufzeigen, wie wir die Elemente des Regelkreises zu dieser neuen Lösung entwickeln.

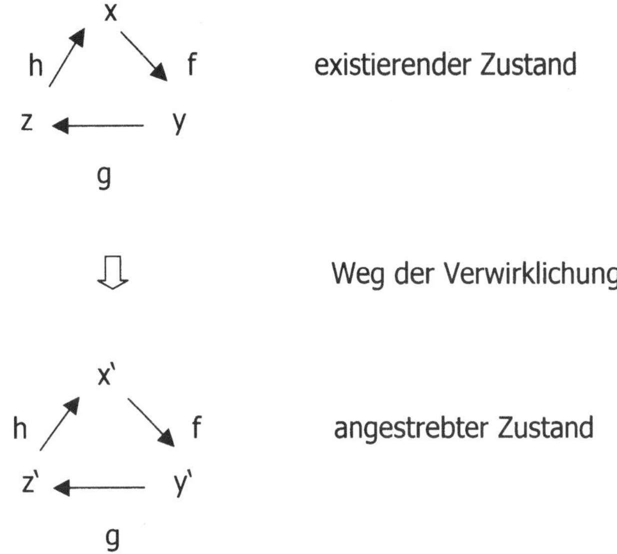

Die Umsetzung einer solchermaßen erarbeiteten Strategie bedeutet, abrupten *Wandel sinnvoll zu gestalten.*

Nicht immer sind die Menschen, die in Systemen und komplex denken können, auch die besten Vermittler und Verwirklicher einer definierten Strategie, denn sie sind oft introvertiert und neigen eventuell dazu, Fakten, die stören könnten, einfach nicht wahrzunehmen. Der faktenorientierte Macher und der intuitiv und ganzheitlich denkende Stratege sollten sich zusammen tun, möglichst noch mit einem gefühlskompetenten Idealisten und einem anpackenden Praktiker.

Mathematisch geschulte Menschen, die sich auch in der Wirklichkeit um sie herum auskennen und eine Portion Verständnis für die Wirksamkeit von Gefühlen entwickelt haben, sind in diesem Sinn sicher gute Strategen.

Literatur:

Gunter Dueck: Wild Duck, ISBN 3-540-67388-1
Humberto R. Maturana, Francisco J. Varela: Der Baum der Erkenntnis, ISBN 3-502-13440-5
Peter M. Senge: Die fünfte Disziplin, ISBN 3-608-91379-3
Paul Watzlawick: Die erfundene Wirklichkeit, ISBN 3-492-20373-6
Matthias zur Bonsen: Führen mit Visionen, ISBN 3-409-18748-0

Dr. Christoph Klingenberg

Dr. Christoph Klingenberg kam 1996 zur Lufthansa AG und übernahm die Leitung der Konzernorganisation. Von 1997 bis Mitte 1999 war er als Bereichsleiter Strategische Konzernentwicklung und -organisation tätig. Als Bereichsleiter „Operational Excellence" war Christoph Klingenberg für die Pünktlichkeitsoffensive der Lufthansa zuständig, die die Pünktlichkeit der Lufthansa innerhalb eines Jahres um zehn Prozentpunkte gesteigert hat. Von Januar 2001 bis April 2003 war er als Generalbevollmächtigter Infrastruktur für die Erweiterung der Kapazitäten von Flughäfen und Flugsicherung sowie für Bauprojekte wie zum Beispiel das Terminal 2 in München verantwortlich.
Seit Mai 2003 leitet er das Programm „Zukunft Kont", das die Profitabilität des Unternehmens im Europaverkehr nachhaltig steigern soll.

Von 1990 bis 1996 war Christoph Klingenberg bei McKinsey&Company als Berater und Projektleiter tätig. Davor hat er Mathematik und Informatik in Hamburg und Bonn studiert und zwei Jahre an den Universitäten Princeton und Harvard geforscht und gelehrt.

Der nachfolgende Beitrag enthält eine Empfehlung an die Unternehmen, wenn es um die Rekrutierung von Managementnachwuchs geht: Beziehen Sie gezielt auch Mathematiker in die engste Zielgruppe für den Managementnachwuchs ein. Allerdings mit einer zusätzlichen Empfehlung: für diese Mathematiker im Laufe der Karriere ganz gezielt Trainingsmaßnahmen einzuplanen, die das Profil für das General Management abrunden.

Vorteile mathematischer Denkweisen im Management

Christoph Klingenberg

Warum sollte ein Unternehmen Mathematiker für Aufgaben des General Management einstellen? Also für Aufgaben, die nichts direkt mit dem Wissen zu tun haben, das im Mathematikstudium vermittelt wird?

Dazu zunächst ein Blick auf die zwei Säulen der Personalentwicklung in den Unternehmen: Rekrutierung und Training.
Die gängige Priorisierung für die Rekrutierungsaktivitäten in dem viel beschworenen „War for talents" ist:
1. Wirtschaftswissenschaftler
2. Natur- und Geisteswissenschaftler mit wirtschaftswissenschaftlichem Aufbaustudium
3. Funktionale Spezialisten wie zum Beispiel Juristen für die Rechtsabteilung, Architekten für die Bauabteilung etc.
4. Der Rest, unter den auch die Mathematiker fallen.

Meine Empfehlung an die Unternehmen lautet: Repriorisieren Sie die Liste und beziehen Sie gezielt auch Mathematiker in die engste Zielgruppe für den Managementnachwuchs ein. Allerdings mit einer zusätzlichen Empfehlung: für diese Mathematiker im Laufe der Karriere ganz gezielt Trainingsmaßnahmen einzuplanen, die das Profil für das General Management abrunden.

Was kann denn ein Mathematiker besonders gut?

Häufig wird die Mathematik unter Naturwissenschaften subsummiert, obwohl sie die reinste Geisteswissenschaft ist. Denn kein Naturereignis könnte die mathematischen Gesetze erschüttern, ganz im Gegensatz zur Physik. Trotzdem ist natürlich die Nähe zu den Naturwissenschaften in der Denkweise nicht zu verleugnen. Der Unterschied besteht darin, dass der Physiker die Welt erklären will, während der Mathematiker ein ästhetisches Gedankengebäude erstellen möchte, ohne Blick auf die Anwendbarkeit dieses Gebäudes in der realen Welt. So hat es historisch nicht nur Befruchtungen der Physik durch die Mathematik gegeben, sondern auch in der umgekehrten Richtung. Die strukturellen Gedankengebäude der Mathematik können eine Blaupause zur Abbildung physikalischer Phänomene liefern, und umgekehrt können neue physikalische Entdeckungen auch neue mathematische Strukturen anregen.

Dass Ästhetik und Einfachheit die Leitlinien bei der Entwicklung mathematischer Modelle bilden, erstaunt den Laien, weil in der Schulmathematik nichts von beiden gelehrt wird. Erst im Studium, und dort häufig auch nur von wirklich guten Professoren vermittelt, bilden sich diese beiden Motivationen heraus.

Damit prägen sich drei Charakteristika der mathematischen Denkweise aus:

1. **Gemeinsamkeiten erkennen**: die Tätigkeit eines Mathematikers besteht darin, in zwei *unterschiedlichen* Dingen Ähnlichkeiten zu erkennen. Dies kommt in den abgeschwächten Begriffen der Gleichheit zum Ausdruck, also zum Beispiel Isomorphie, eineindeutige Abbildungen, Verwandtschaften zwischen algebraischen Gleichungen oder geometrischen Objekten. Die geduldige Suche nach Gemeinsamkeiten führt zu einer hohen Ambiguitätstoleranz der Mathematiker. Das bedeutet, dass Mathematiker relativ lange sich mit Dingen beschäftigen können, deren genaue Identität nicht geklärt ist – im Gegensatz zu Mitarbeitern, die diese Dinge zur Seite schieben würden und sie ignorieren würden. Dadurch werden Möglichkeiten verschenkt.
   Dieses Aufspüren von Gemeinsamkeiten hat allerdings nichts mit der buchhalterischen Freude an der Gleichheit der Aktiv- und Passivseite einer Bilanz zu tun.

2. **Abstraktion**: Die größte Hürde in den ersten Semestern des Mathematikstudiums ist der Umgang mit Definitionen, die Objekte durch ihr *Verhalten* beschreiben und nicht dadurch, was sie *sind*. »Eine Gruppe ist eine Menge mit einer Verknüpfung „+" usw.« – diese Definition treibt manche Erstsemester in dem Bestreben, sich ein „dingliches" Bild von dem Objekt zu machen, zu der verzweifelten Frage: »Ja, was ist denn jetzt eine Gruppe ganz genau?«. Wer allerdings gelernt hat, Objekte über ihr Verhalten statt über ihre Eigenschaften zu begreifen, tut sich später viel leichter mit dem Erkennen von Gemeinsamkeiten. Dies hilft enorm bei der Verhandlungsführung, bei der Interpretation von Verträgen oder beim Benchmarking, also dem Vergleich zwischen verschiedenen Unternehmen.

Von einem Mathematiker wird fast nie der Kommentar kommen: »Das können Sie nicht miteinander vergleichen!« oder »Da werden wieder Äpfel mit Birnen verglichen«, denn grundsätzlich kann man zunächst alles miteinander vergleichen – es wird damit ja noch nicht vorweggenommen, ob sich bei dem Vergleich auch Gemeinsamkeiten ergeben werden.

3. **Streben nach Schönheit und Vollkommenheit**: Die Schönheit, die meistens als Einfachheit beschrieben wird, ist die Leitlinie bei der Entwicklung mathematischer Theorien, die häufig erst Jahrzehnte später durch lückenlose Beweisketten untermauert werden.
   Die Einfachheit ist in der realen Welt nichts anderes als das ökonomische Prinzip des minimalen synergetischen Aufwands, das auch in der Natur vielfach Anwendung findet, zum Beispiel bei der Entwicklung der Arten.

Was kann der Mathematiker nicht? Oder: womit tut er sich schwer?

Für das Streben nach Schönheit in einer geistigen Welt sind soziale Fähigkeiten irrelevant. Genauso irrelevant wie ein Machtinstinkt oder die Fähigkeit, sich gegen unsachliche Argumente durchsetzen zu können. Ein mathematischer Beweis spricht für sich selbst, daher können viele Mathematiker nicht für sich selbst sprechen. Ergo wird das Erkennen von Machtstrukturen und die Reaktion darauf, das Durchsetzungsvermögen, auch nicht im Studium geübt.

Typisches Beispiel aus einem Unternehmen: Mitarbeiter Meier macht einen Vorschlag oder setzt eine Maßnahme um: Der im wirtschaftswissenschaftlichen Geist Erzogene fragt zunächst: »Darf Herr Meier das oder überschreitet er seinen Kompetenzbereich?« (Einhaltung der organisatorischen Regeln)
Der Mathematiker fragt zuerst: »Ist die Maßnahme gut?« (Kontinuierliche Verbesserung baut auf die Ideen aller Mitarbeiter auf.)

Da aber das Erkennen von Machtstrukturen und die Durchsetzungsfähigkeit für den Einsatz im General Management unentbehrlich sind, muss es gelernt werden. Eine Aufgabe bei der Rekrutierung ist es, herauszufinden, ob der Wille für dieses Lernen beim Bewerber vorhanden ist und ob die Bereitschaft für diese nachträglich betriebliche Sozialisation vorhanden ist.

Was ist zu tun?

Da Mathematiker die Inhalte des wirtschaftswissenschaftlichen Studiums sich gewöhnlich berufsbegleitend aneignen können, kann sich das Training eher auf die Entwicklung der Persönlichkeit konzentrieren. Hierfür gibt es viele erprobte Modelle in der Organisationsentwicklung, die darauf zielen, die Selbstreflexion in beruflich wichtigen Situationen weiter zu entwickeln. Dabei wurden besonders bei jobbegleitenden Schulungsmaßnahmen sehr gute Erfahrungen gemacht, gerade im Vergleich zu einmal stattfindenden Seminaren. Nur durch häufigeres Feedback und durch Integration in den beruflichen Alltag können Verhaltensmuster erweitert werden.

Wichtig ist dabei noch folgender Aspekt: Es geht nicht darum, Veränderungen in der Persönlichkeitsstruktur zu bewirken, etwa von einem sachbetonten zu einem gefühlsbetonten Charakter (abgesehen davon, dass dies sowieso nicht möglich ist), sondern es geht um die Förderung der spezifischen Stärken und um die Erweiterung des Blickfeldes, um die Fähigkeit, sich besser in Verhandlungspartner und Mitarbeiter hineinversetzen zu können und die Wirkung seines Handelns abschätzen zu können. Letztlich um die Fähigkeit, für sich selbst stehen zu können und ohne die Absicherung durch objektiv nachvollziehbare Beweise den eigenen Standpunkt zu vertreten.

Fazit: Unternehmen sind gut beraten, die richtigen Mathematiker einzustellen und systematisch für Aufgaben des General Management zu fördern.

Dr. Julia Bertrams

Julia Bertrams studierte Mathematik mit Nebenfach Informatik an der Universität Bonn. Nach der Promotion 1986 begann sie als Trainee bei der Unternehmensberatung CSC Ploenzke AG in Wiesbaden. Es folgten Projekte in der Organisations- und IT-Strategie, Akquisitionsaufgaben im Öffentlichen Sektor und schließlich der Aufstieg ins Management.
1995 übernahm Dr. Bertrams die Businessverantwortung für eine Geschäftsstelle mit damals vierzig Mitarbeiterinnen und Mitarbeitern.
Seit 1999 verantwortet sie als Generalbevollmächtigte das Geschäft der CSC Ploenzke AG im zivilen Öffentlichen Sektor in Deutschland.

Steigende Chancen für Mathematikerinnen und Mathematiker im Management sieht Julia Bertrams in einer neuen Führungskultur, die sich seit Mitte der neunziger Jahre immer stärker durchsetzt. Sie führt in Ihrem Beitrag Charaktereigenschaften und Fähigkeiten von Mathematikerinnen und Mathematikern auf, die das belegen.

Mathematik – eine Basis für Aufgaben in Führungspositionen?

Julia Bertrams

Wenn ich meine Visitenkarte einer mir bis dato unbekannten Person überreiche, kommt in mindestens fünfzig Prozent der Fälle die Nachfrage: »Was machen Sie als Mathematikerin im Management einer Unternehmensberatung?«
Dies habe ich mit zum Anlass genommen, einmal intensiver darüber nachzudenken, was ich während meines Mathematikstudiums und während meiner Promotion gelernt und erfahren habe, das ich jetzt in meiner heutigen Position und Rolle besonders nutzbringend einsetzen kann.

Erlerntes Denken und Verhalten in der Mathematik

Im Gegensatz zu vielen herrschenden Vorurteilen habe ich mein Studium niemals als langweilig, theoretisch, weltfremd und isolierend empfunden. Ganz im Gegenteil, ich habe Facetten des Denkens und Handelns gelernt, die mir wahrscheinlich in einem anderen Studienfach, wie zum Beispiel Jura oder Betriebswirtschaft, verborgen geblieben wären.
Ich habe sehr früh gelernt, dass man in der Mathematik nur erfolgreich sein kann, wenn man das konkret zu lösende Problem in einen größeren Sachzusammenhang stellt. Erst bei der Betrachtung des Umfeldes, bei dem Erklimmen einer Metaebene, bei der Abstraktion und Distanzgewinnung vom konkreten Problem, bei der Sicht aus anderen Perspektiven bereitet man sich selber eine Umgebung, die einem die verschiedensten Lösungswege aufzeigt, von denen dann meistens einige zum Ziel führen.
Als Mathematiker muss man ein hohes Frustrationspotenzial besitzen. Wie oft saß ich in meinem Universitätsbüro und fand die Lösungswege nicht, trat auf der Stelle und fühlte mich in einer Sackgasse.
In diesen Fällen half nur, Abstand zu gewinnen, sich mit ganz anderen Dingen zu beschäftigen, die möglichst weit weg von der Mathematikmaterie waren. Da halfen ein Spaziergang, ein Kinobesuch, eine Ausstellung oder ein Kneipenabend mit Freunden.

Das bewusste Wahrnehmen einer ganz anderen Kreativitätsform wie Musik, Kunst, Theater, Literatur oder auch der Natur öffnete wieder neue Denkwege und Herangehensweisen.

Aber man braucht auch eine unglaubliche Hartnäckigkeit. Sich festbeißen in der Materie, nicht kapitulieren vor den Schwierigkeiten, das Problem immer wieder anfassen, Geduld und Zuversicht aufbringen, nicht aufgeben, sind charakteristische Eigenschaften eines erfolgreichen Mathematikers. Gepaart sein müssen diese mit der Fähigkeit, von konkreten Problemen zu abstrahieren, dem Wissen um die größeren Zusammenhänge, interdisziplinärem Denken und Handeln und einer schrittweisen Zielverfolgung.

Das Studium der Mathematik lehrt den Mathematiker Techniken, wie „Ähnlichkeiten suchen und erkennen", „Muster in den Vorgehensweisen erkennen und adaptieren", „systematisch alle Verzweigungen bis zum Sackgassenende verfolgen und durchdenken".
Im Studium lernt man zudem, dass der Mathematiker als Einzelkämpfer nur schwer zum Erfolg kommt. Die inhaltliche Diskussion mit anderen, der Gedankenaustausch und die Bereitschaft zum Zuhören und Mitdenken erhöhen die Erfolgschancen jedes einzelnen.

Ein Mathematikstudium lehrt zudem, mit Unsicherheit umzugehen. Die wenigsten Gedankenmodelle lassen sich wie in der Physik oder anderen Naturwissenschaften durch konkrete Experimente belegen. Daher plagen jeden Mathematiker Zweifel an seinen logischen Schlüssen und Erkenntnissen. Nur in der Diskussion mit anderen gewinnt er Zuversicht in sein Urteils- und Beweisvermögen. Die Korrektheit seiner Arbeiten und Ergebnisse werden nur durch andere Mathematiker verifiziert.

Mathematiker im Management

Sind Mathematiker in Führungspositionen erfolgreicher als andere? Diese Frage habe ich mir oft gestellt und bin zu einigen Erkenntnissen gelangt.
Was die Mathematiker in diesen Positionen auszeichnet, ist ihre schnelle Auffassungsgabe und ihre Herangehensweise an Probleme. Das „Managen" besteht zu achtzig Prozent aus Problemlösung – der Rest ist administrative Routine.
In der Problemlösungskompetenz zeichnen sich Mathematiker aus meiner Sicht besonders aus. Zunächst haben sie ein Problembewusstsein, d. h. sie akzeptieren in aller Regel, dass ein solches existiert, denn nichts anderes sind sie aus ihrer Erfahrungswelt heraus gewohnt. Gewöhnlich analysieren sie das Problem bis zu einer Tiefe, die ihnen ausreichend erscheint, um zu einer Lösung zu kommen. Dies ist vielleicht im Gegensatz zu manchen Vorurteilen keine Analyse bis ins letzte Detail.

Ihr persönliches Ziel ist es dann, das Problem so schnell und effektiv wie möglich zu lösen. Hierauf konzentrieren sie sich und wenden ihre erlernten Lösungsmethodiken an. Dies sind Szenariendenken, mehrere Wege verfolgen, auch in Sackgassen denken, Umfeldbetrachtungen, Abstrahieren vom konkreten Problem, dieses in einen größeren Sachzusammenhang stellen etc..
Dabei spielen nicht nur Methoden, sondern auch die Anwendung der Erfahrung eine Rolle. Nicht umsonst ist in den letzten Jahren der Begriff „Best practice" so modern geworden. Je mehr erfolgreich getroffene Entscheidungen im eigenen Erfahrungsschatz liegen, desto stärker kann man sich auf die Anwendung eines „guten" Lösungsweges verlassen. Die besten Problemlösungen entstehen dann aus einer Kombination aus Praxiserfahrung und der Suche nach erfolgversprechenden neuen Lösungswegen, also genau im Fahrwasser der Lösungssuche nach einem mathematischen Problem.

Meine persönliche Erfahrung zeigt mir, dass Mathematiker in Führungspositionen nicht nur schnell denken, sondern ihre Lösung auch stringent umsetzen. Damit überfordern sie oft ihre Mitarbeiter und Kollegen. Da ein Mathematiker gemäß seinen erlernten Denkprozessen auch bei relativer Unsicherheit meint, sicher entscheiden zu können, verliert er auf diesem Wege oft seine Mitstreiter, die in der relativen Unsicherheit verharren. Ihre schnelle Auffassungsgabe, gepaart mit der Kompetenz, Lösungsszenarien zu entwerfen, zu verwerfen und schnell zu wählen, erfordert bei den Teamkollegen oft eine hohe Toleranz.

Eine Schwachstelle bei Mathematikern ist allerdings, dass sie Delegieren nicht gelernt haben. Bei der Lösung von mathematischen Problemen hilft zwar die Diskussion mit anderen, gemeinsames Arbeiten im Team und gegenseitiges Präsentieren und Zuhören; eine arbeitsteilige Problemlösung oder sogar die Delegation von Teillösungen an andere ist eher fremd. Dies bereitet den Mathematikern in Führungspositionen dann auch Schwierigkeiten. Der Drang, die Dinge lieber selber und damit effizienter zu erledigen, führt nicht in allen Fällen zum Erfolg. Bei der Führungskraft selber tritt ein Überlastungseffekt ein und die Mitarbeiter werden frustriert, da sie nicht genügend eingebunden werden. An dieser Stelle ist das erlernte Verhalten ein Hindernis.

Ergänzend hierzu bin ich der Überzeugung, dass Führungskräfte, die aufgrund ihrer Bildung und ihres erlernten Denkens wie beschrieben in der Lage sind, sehr effektiv zu handeln, nur dann erfolgreich sein können, wenn sie zusätzlich über eine ausgeprägte Fähigkeit zum emotionalen

Denken und über soziale Kompetenz verfügen. Ihre Ideen und Entscheidungen werden nur dann akzeptiert, wenn sie sich in die persönlichen Situationen der Menschen in ihrer Umgebung, in ihrem Team, hineinversetzen können, die Menschen und ihre Motivationen und persönlichen Ziele gut einschätzen und dies in ihr Verhalten einfließen lassen.
Nur wenn sie keine Verlierer zurücklassen, auch Schwache stärken und diese ins Team integrieren, werden ihre Entscheidungen und Handlungen akzeptiert werden. Wenn man es krass formuliert, bedeutet es die Abkehr vom hierarchischen Management zum logisch-emotionalen Management.

Neue Führungskultur – neue Chancen für Mathematiker?

In den achtziger und neunziger Jahren waren Führungspositionen mit Werten wie Entscheidungshoheit, Hierarchiebewusstsein, Dominanz, starkes Auftreten und Umsetzungskraft belegt. Von einer Führungskraft erwartete man Durchsetzungsfähigkeit, Härte in Konflikten, schnelle Entscheidungen, straffe Mitarbeiterführung und stringente Prozesse.
Seit Mitte der neunziger Jahre hat sich das gewandelt. Immer mehr treten die „alten" Managementwerte in den Hintergrund; heute wird von Führungskräften Lösungskompetenz, Visionsfähigkeit, systemisches Management, Fachwissen und Sozialkompetenz erwartet. Dazu kommen in unserem sich immer schneller verändernden Umfeld Fähigkeiten zum Akzeptanzmanagement und Change-Management.
Ich bin der festen Überzeugung, dass sich für Mathematiker hier neue Chancen auftun, solche Positionen zu besetzen.

Als Beispiel möchte ich hier die Fähigkeiten auflisten, die eine amerikanische Unternehmensberatung als die wichtigsten Führungsskills ihrer Manager erwartet und auch in entsprechenden Ausbildungsprogrammen fördert.

Führungsgeschick: Die Führungskraft genießt es zu führen; nimmt auch unpopuläre Standpunkte ein; fördert schwierige Diskussionen; nimmt Herausforderungen an.

Kundenfokussierung: Die Führungskraft erkennt Kundenbedürfnisse; erhält Kundeninformationen aus erster Hand und setzt diese in Verbesserung von Prozessen und Produkten um; baut effektive Kundenbeziehungen auf und aus; genießt Vertrauen beim Kunden.

Umgehen mit Unsicherheiten: Die Führungskraft bewältigt den Wandel; kann ohne ein vollständiges Bild handeln und entscheiden; kann agieren, ohne alle vorherigen Ergebnisse erzielt zu haben; kann mit Risiken und Mehrdeutigkeiten umgehen.

Umgehen mit Paradoxa: Die Führungskraft kann mit Situationen umgehen, die widersprüchlich erscheinen; ist flexibel und anpassungsfähig gegenüber extremen Herausforderungen; steht zu seiner Überzeugung, ohne die Gegenseite zu erdrücken; wird als ausgleichende Persönlichkeit in Konfliktsituationen wahrgenommen.

Entscheidungsqualität: Die Führungskraft entscheidet qualitativ hochwertig auf Basis einer Mischung aus Analyse, Wissen, Erfahrung und Urteilsvermögen; wird von anderen als Ratgeber und Problemlöser in Anspruch genommen.

Innovationsfähigkeit: Die Führungskraft erkennt Innovation am Markt und bringt sie ins eigene Unternehmen ein; hat die Fähigkeit, kreative Ideen und deren Machbarkeit zu beurteilen; kann kreative Prozesse fördern; unterstützt Brainstormings und lässt Ungewöhnliches zu.

Managementcourage: Die Führungskraft ist offen in der Kommunikation; gibt rechtzeitiges, direktes, vollständiges Feedback an andere; lässt Mitarbeiter wissen, wo sie stehen; spricht Personalprobleme schnell und direkt an; übernimmt auch unangenehme Aufgaben, wenn notwendig.

Systemisches Management: Die Führungskraft kann Prozesse, Verfahren und Methoden so gestalten, dass damit aus der Distanz heraus gemanagt werden kann; kann Dinge bewegen, ohne sie selber angestoßen zu haben; kann Dinge und Menschen „remote" steuern.

Visionäres Management: Die Führungskraft kann inspirierende Visionen entwickeln und kommunizieren; denkt zukunftsorientiert und optimistisch; teilt die Vision mit anderen und verschafft sich Unterstützung dafür; kann ganze Organisationen motivieren und inspirieren.

Perspektivisches Management: Die Führungskraft entwickelt eine möglichst breite Sicht auf einen Problemkreis oder eine Aufgabe; hat breitgefächerte persönliche und geschäftliche Interessen und Ehrgeiz; kann leicht Zukunftsszenarien entwerfen; denkt global.

Politisches Gespür: Die Führungskraft kann sich und andere effizient und behutsam durch komplexe politische Situationen manövrieren; ist sensitiv gegenüber dem Verhalten von Menschen und Organisationen; entdeckt Minenfelder und umgeht sie; betrachtet Unternehmenspolitik als notwendigen Teil von Organisationen und passt sich dieser Realität an.

Menschenkenntnis: Die Führungskraft kann Talente erkennen; kann Stärken und Schwächen der Kollegen in der eigenen Organisation und außerhalb schnell einschätzen und beurteilen; kann verlässlich die Reaktion von Menschen in unterschiedlichen Situationen einschätzen.

Strategische Gewandtheit: Die Führungskraft schafft klaren Blick auf die Zukunft; kann zukünftige Konsequenzen und Trends genau einschätzen; hat breite Kenntnisse und Perspektiven; kann ein klares Bild von Möglichkeiten und Wahrscheinlichkeiten entwerfen; kann konkurrenzfähige und bahnbrechende Strategien und Pläne entwerfen.

Entscheidungsstärke: Die Führungskraft kann schnell entscheiden; entscheidet auch bei unvollständiger Information; kann unter Druck und harten Endterminen agieren.

Setzt man nun diese Managementanforderungen in Relation zu den Stärken und durch das Studium der Mathematik noch geförderten Eigenschaften von Mathematikern, so ergibt sich daraus ein Bild, das den Mathematikern eine gute Ausgangsposition für die Besetzung moderner Managementrollen verschafft.

Führungseigenschaft	**besondere Stärke von Mathematikern**	**Durch Mathematikstudium gefördert**	**Persönlichkeitsmerkmal**
Führungsgeschick		x	
Kundenfokussierung			x
Umgehen mit Unsicherheiten	x		
Umgehen mit Paradoxa	x		
Entscheidungsqualität		x	
Innovationsfähigkeit	x		
Managementcourage			x
Systemisches Management	x		
Visionäres Management		x	
Perspektivisches Management		x	
Politisches Gespür			x
Menschenkenntnis			x
Strategische Gewandtheit		x	
Entscheidungsstärke	x		

Dies sollte allen angehenden und ausgebildeten Mathematikern Mut machen, Karrierewege in Managementpositionen zu erwägen, die sich aus dem reinen Umgang mit mathematischen Problemstellungen nicht direkt ableiten lassen.

Dr. Jörg Bewersdorff

Jörg Bewersdorff studierte ab 1975 Mathematik und Informatik an der Universität Bonn. Nach seinem Diplom in Mathematik im Jahr 1982 wurde er wissenschaftlicher Mitarbeiter am Max-Planck-Institut für Mathematik in Bonn.

Nach seiner Promotion im Jahre 1985 arbeitete Dr. Bewersdorff zunächst als Entwickler von Geldspielgeräten und zwar seit 1988 in der von ihm mitbegründeten Firma Mega-Spielgeräte in Limburg. Seit 1998 ist er dort Geschäftsführer. Von 1992 bis 2002 leitete er außerdem die Entwicklung der Geldwechsel-, Kassen- und Dienstleistungsautomaten herstellenden Firma GeWeTe in Mechernich. Außerdem ist er seit 2000 Geschäftsführer der Firma Mega Web, des deutschen Marktführers bei der Produktion von Internet-Terminals.

Nebenher betätigt sich Jörg Bewerdorff als Fachbuchautor, wobei seine ersten beiden Bücher „Glück, Logik und Bluff: Mathematik im Spiel" und „Algebra für Einsteiger: Von der Gleichungsauflösung zur Galois-Theorie" in weitgehend populärer Weise an die eigentliche Fachliteratur heranführen.

»Unsere Umwelt steckt voller Mathematik – man muss sie nur mittels genügender Abstraktion sehen und sich dabei der Grenzen bewusst sein. Mathematik ist wie eine Sprache, ausgestattet mit einem Status, der dem Latein in gewisser Weise ähnelt: Fast überall ist Mathematik, aber nirgends ist nur Mathematik«. So das Verständnis von Jörg Bewersdorff in seinem Beitrag.

Mathematik: Das Latein unserer Zeit

Jörg Bewersdorff

Mathematik als Grundlage der Tätigkeit eines Managers? Obwohl der Mathematik in der Öffentlichkeit zweifelsohne ein hoher Respekt entgegengebracht wird, gelten Mathematiker nicht selten als etwas weltfremd, gerade bei jenen, die – etwa bei der Absolvierung eines wirtschafts-, natur- oder ingenieurwissenschaftlichen Studiums – mit der Mathematik etwas, nach subjektiver Einschätzung bereits im Übermaß, in Berührung gekommen sind.
Auch die Selbsteinschätzung von Mathematikern ist nicht viel anders: Zwar blickt man gerne an mathematischen Fachbereichen auf andere Disziplinen etwas geringschätzig herab – einzig theoretische Physiker, ganz bestimmt aber nicht die Informatiker und Ingenieure gelten als ebenbürtig –, als Student weiß man aber sehr wohl, dass man sein mathematisches Leben vor dem „Tode", das heißt vor dem Diplom beziehungsweise der Promotion, genießen muss. „Ewiges Leben" verspricht einzig die Karriere im „Paradies" der Hochschule; allen anderen droht die „Hölle" eines Arbeitslebens abseits mathematischer Seminarräume.

Mit diesem Bild seiner Zukunft schritt auch der Autor dieser Zeilen Mitte der achtziger Jahre nach absolvierter Doktorprüfung zunächst zum Friseur, legte dort seine längst unmodern gewordene „Matte" der Siebziger ab, dann zum Fotografen und schließlich in den Computerladen – letzteres in der Gewissheit, dass das neun Jahre zurückliegende Programmierpraktikum unter Verwendung von Lochkarten wohl nicht mehr ganz dem zwischenzeitlich erreichten Stand der Technik entsprach.
Außerdem war klar, dass die vertraut gewordenen Methoden der algebraischen Topologie und Zahlentheorie wohl kaum mehr eine Rolle im weiteren Leben spielen würden.

Mathematik im Beruf: Meine Realität

Heute, sechzehn Jahre später, weiß ich sehr wohl, was mir die Mathematik bietet und zwar sowohl in direkter fachlicher Weise, wie auch in sehr indirekter Art bei der Wahrnehmung und Wertung von Informationen und der diesbezüglich zu treffenden Entscheidungen. Dass es, wenn auch weniger häufig als zu Beginn meines Berufslebens, sogar konkrete mathe-

matische Aufgaben zu bewältigen gibt, hängt mit einer meiner Funktionen zusammen: Neben entsprechenden Positionen, die ich in anderweitig ausgerichteten Tochterfirmen wahrnehme, bin ich der für den technischen Bereich zuständige Geschäftsführer eines kleinen mittelständischen Unternehmens, das Unterhaltungsautomaten mit Gewinnmöglichkeit entwickelt und vertreibt, nicht aber selbst produziert.
Solche Spielautomaten, wie man sie aus Autobahnraststätten, Eckkneipen und Spielstätten kennt, müssen von der Physikalisch-Technischen Bundesanstalt zugelassen werden. Und zur Erlangung einer solchen Bauartzulassung ist die statistische Prüfung im Hinblick auf die gesetzlichen, sehr detailreich vorgegebenen Rahmenbedingungen ein wesentlicher Bestandteil.
Realisiert werden unsere Entwicklungen solcher Spielsysteme mit einem selbstentwickelten Softwaretool, welches die rechnerische Analyse komplexer Markow-Ketten, wie sie Spielgeräten zugrunde liegen, ermöglicht[1]. Grundlage des Tools bilden Objekte zur Beschreibung von diskreten Wahrscheinlichkeitsverteilungen, deren Ereignisräumen etc..

Weitere mathematische Berührungspunkte ergeben sich durch den besonderen Charakter, den unsere Produkte im Blickwinkel des Marketings besitzen: Einerseits handelt es sich offensichtlich um Investitionsgüter, denn unsere Kunden sind die Betreiber der Geräte, das heißt Automatenaufstellunternehmer, von denen es in Deutschland einige tausend gibt.
Andererseits weist der „Content" eines solchen Gerätes typische Merkmale eines Konsumgutes auf: Ausgestattet mit einem meist englischen Namen und einer graphisch jeweils neu gestalteten und akustisch untermalten Darstellung des eigentlich über Erfolg und Misserfolg entscheidenden Spielsystems, haben Spielgeräte vielfach eine ähnliche Kurzlebigkeit wie Songs der Hitparade – heute Top, in wenigen Monaten oft schon in der zweiten Reihe oder gar auf dem Weg in die Vergessenheit.

Aber was hat das mit Mathematik zu tun? Eine erfolgreiche Produktkreation kann zwar auf einem gewachsenen Know-how aufbauen. Vor einer Vermarktung ist allerdings ein breiter Akzeptanztest und seine fundierte statistische Auswertung unvermeidlich. Nur so kann letztlich bei der Vermarktung die angestrebte Kundenzufriedenheit durch den dafür unumgänglichen Return of Invest sichergestellt werden. Produktentwicklungen, bei denen dies nicht sichergestellt ist, wandern trotz der relativ hohen Entwicklungskosten schlicht „in die Tonne".

---

[1] Einen groben Überblick über die Mathematik von Spielgeräten gibt mein Beitrag *Berufsbild: Spieldesigner*, DMV-Mitteilungen, 1998/3, S. 60 f.

Mathematik – einfach überall

Sind die bisher dargelegten Bezüge zur Mathematik bei meiner Tätigkeit aufgrund ihres fachlichen Hintergrundes leicht nachvollziehbar, so wird es bei der Suche nach den mathematischen Wurzeln im Bereich der eigentlichen Managemententscheidungen etwas schwieriger. Bevor ich versuche, einige typische Elemente zu beschreiben, erscheint es mir sinnvoll, meinen heutigen Blick auf die Mathematik darzulegen. Dabei möchte ich damit beginnen, dass ich anders als viele meiner Kollegen in der Wirtschaft in Sachen Mathematik „bekennender Überzeugungstäter" bin – ich bereue nichts, kein einziges der neun, im wesentlichen der reinen Mathematik gewidmeten Jahre[2].
Ich sehe es heute als Privileg an, dass ich mich diese ganze Zeit mit anscheinend nichts direkt praktisch Verwertbarem habe beschäftigen dürfen (und nebenbei das studentische Leben ausgiebig genießen konnte).

Gewandelt hat sich allerdings meine Beziehung zur Mathematik: Habe ich mich früher gerne in mathematische Details vergraben, so ist diese Vorliebe, nicht zuletzt aufgrund der zwangsläufig gewachsenen Distanz, einem deutlich prinzipielleren Interesse gewichen.
Die Mathematik, so erscheint sie mir heute, ist diejenige Wissenschaft, die sich mit den einfachsten (!) Objekten unserer Gedankenwelt beschäftigt, diese Objekte dafür aber – anders als die wesentlich komplexeren Objekte, mit denen sich die angewandten Naturwissenschaften, aber auch die Wirtschafts- und Sozialwissenschaften beschäftigen – einer zweifelsfreien Bewertung zuführen kann (oder dies im Zuge weiterer mathematischer Forschung anstrebt).
Der Charakter der Mathematik als Hilfswissenschaft, dessen implizite Wertung Mathematiker meist wenig schätzen, resultiert bei dieser Sichtweise schlicht darauf, dass sich angewandte Wissenschaftler gerne mathematisch basierter, also im Vergleich zur Realität vergleichsweise einfacher Modelle bedienen, um so auch zweifelsfreie Erkenntnisse zu erhalten – natürlich über die Modelle und nicht unbedingt über die Wirklichkeit.
In diesem Bewusstsein erkennt man, dass unsere Umwelt voller Mathematik ist – man muss sie nur mittels genügender Abstraktion sehen und sich dabei der Grenzen bewusst sein.
So macht die Verinnerlichung der von David Hilbert bei der Formulierung einer axiomatischen Geometrie aufgestellten Anforderung, dass man statt

[2] Dieses Verständnis dokumentiert sich auch in halbwegs populären Veröffentlichungen wie *„Glück, Logik und Bluff: Mathematik im Spiel – Methoden, Ergebnisse und Grenzen"*, 2. Aufl., Wiesbaden 2001; *„Algebra für Einsteiger: Von der Gleichungsauflösung zur Galois-Theorie"*, Wiesbaden 2002.

„Punkten, Geraden, Ebenen" jederzeit „Tische, Stühle, Bierseidel" sagen können müsse, Gesetzesparagraphen und die auf ihr fußende Rechtsprechung im Prinzip zu einem Axiomensystem und daraus hergeleiteten Theoremen.

Natürlich hat der Vergleich seine Grenzen, nicht nur in der teilweise gesellschaftlich bedingten Fortentwicklung bei der Auslegung von Rechtsbegriffen – quasi in Form eines sich zeitlich verändernden Axiomensystems –, sondern auch bei der zwangsläufig nicht deterministischen Bewertung von Sachverhalten und Tatbeständen[3].

Darüber hinaus torpedieren Richter in ihrer täglichen Praxis die Logik mit vermeintlich offensichtlichen Tatsachen der allgemeinen Lebenserfahrung. Sicher gut gemeint, führt diese in der Gesamtheit wenig strukturierte Vorgehensweise zwangsläufig zur Ausnahme von der Ausnahme und schließlich zur Korrektur des Gesetzgebers in Form der (n+1)-ten Novelle des xyz-Gesetzes (im Steuerrecht findet diese Flickschusterei ihren Ausdruck in so genannten „Jahressteuergesetzen"!).

Ich erinnere mich noch gut an ein Verfahren, bei dem ich unser Unternehmen als Kläger vor einem Verwaltungsgericht vertrat. Es ging um ein Spielgerät mit Gewinnmöglichkeit, dessen Spielverlauf sowohl vom Zufall wie von der strategischen Einflussnahme des Spielers bestimmt wurde. Wesentlich für die rechtliche Bewertung eines solchen Spieles ist, welche Kausalität – Zufall oder Geschick des Spielers – das Endresultat „überwiegend" beeinflusst. Leider weiß niemand, wie dies eindeutig und widerspruchsfrei auszulegen ist. Insbesondere gibt es anders als für die schon erwähnten Zufallsspiele keine wissenschaftlich fundierten Prüfkriterien.

Unsererseits vorgelegt waren Testreihen auf der Basis diverser Strategien, die ein Spieler verwenden kann. Dabei war die bei der Auswertung der Messreihe auftretende statistische Unsicherheit mit Signifikanzintervallen dokumentiert. Dies alles beeindruckte die Richter allerdings wenig, weil irgendein höheres Gericht – in welchem Zusammenhang auch immer – einmal befunden hatte, dass die Wahrscheinlichkeitsrechnung bei der Bewertung solcher Spiele außen vor zu bleiben habe. Unweigerlich fühlte ich mich an Kraftwerke erinnert, die man eigentlich gar nicht braucht, weil der Strom ja aus der Steckdose kommt.

[3] Mathematisch naheliegend wäre natürlich ein Versuch, Methoden der Fuzzy-Logik zur Anwendung zu bringen. Tatsächlich sind bereits solche Überlegungen angestellt worden. Praktische Anwendungen sind allerdings weder dokumentiert noch realistisch zu erwarten.

Was von der Mathematik bleibt

Die Beziehung zwischen Mathematik und Recht ist in verschiedener Hinsicht typisch: Einem Mathematiker – per Definition schließe ich mit der maskulinen Form stets auch den Fall einer Mathematikerin ein – sollte es relativ problemlos möglich sein, neue Begriffswelten für sich zu erschließen. Dass dabei Worte des Alltags nicht unbedingt die Bedeutung und Auslegung besitzen, die man gewohnt ist, ist ihm selbstverständlich. Und auch für das Verstehen und die präzise Formulierung komplexer Argumentationsketten ist ein Mathematiker bestens vorbereitet.
Schwierigkeiten bereiten eher die Denkweisen, wie sie sich in anderen Fachgebieten aufgrund gänzlich anderer Erfahrungswelten normativ entwickelt haben. Hier bedarf es eines erst anzueignenden Fingerspitzengefühls, um argumentativ die richtige „Wellenlänge" zu finden, ja bereits vorher die zur Informationsvervollständigung notwendigen Fragen geeignet zu formulieren und deren Antworten zielgerichtet zu werten.

Mit diesem Punkt bin ich beim „weichen" Beiwerk angelangt, mit dem die rationale Faktoren betreffende Kompetenz erst richtig nutzbar wird. Unabdingbar ist natürlich ein hohes Maß an Intuition, etwa beim schnellen und zielsicheren Erkennen charakteristischer Muster, beispielsweise beim Suchen einer Fehlerquelle innerhalb eines komplexen Systems oder beim Ergründen von Erfolgsfaktoren des Mitbewerbs. Dabei ist zu betonen, dass Intuition in der Mathematik absolut kein Fremdkörper ist – wie sonst lässt sich der Weg eines Beweises finden? Und auch die Erfolgsfähigkeit unkonventioneller Ansätze sollte eigentlich keinem Mathematiker fremd sein.
Dass ein Mathematiker Kraft seiner Erfahrung die Gabe hat, komplexe Systeme zu analysieren, ist bekannt. Dabei möchte ich diese Aussage nicht auf den in der IT-Branche dominierenden Fall beschränkt wissen, in dem kausale und zeitliche Beziehungen eines wie auch immer gearteten Prozesses organisatorisch zu erfassen und informationstechnisch abzubilden sind.
Eingeschlossen ist auch das schnelle und gezielte Erkennen quantitativer, ggf. stochastischer Abhängigkeiten, quasi im Rahmen von Sensitivitätsanalysen: Welcher der beeinflussbaren Parameter verändert die diversen Zielgrößen wie?
So ist man als Mathematiker oft ad hoc imstande, mit großer Treffsicherheit Ergebnisse abzuschätzen, deren exakte Verifikation andere anschließend in mühevoller Detailarbeit mittels Tabellenkalkulation vollziehen.

So sehr ich die Mathematik gepriesen habe, so sehr bedarf es aber auch einer Relativierung. Selbstverständlich besitzt die Mathematik kein Monopol; es führen eben sprichwörtlich viele Wege nach Rom. Und die Mathematik allein genommen bringt überhaupt nichts. Erst die Bereitschaft, seine bisherige Verfahrensweise stets selbstkritisch zu hinterfragen, ständig neu hinzuzulernen und dies im Bewusstsein, nach dem Studium hinsichtlich der Praxis bei Null zu starten, ermöglicht es, frei von jeder Scheuklappe das Gespür für die täglich neu und immer wieder anders entstehenden Herausforderungen zu erlangen. Mathematik ist wie eine Sprache, ausgestattet mit einem Status, der dem Latein in gewisser Weise ähnelt: Sie wird überall und nirgends gesprochen. Mit anderen Worten – diesmal ohne einen Widerspruch, wie er jedem Mathematiker eigentlich ein Gräuel sein muss: Fast überall ist Mathematik, aber nirgends ist nur Mathematik. Und Mathematiker besitzen damit die Flexibilität, in praktisch allen Bereichen, aber nie allein, sondern nur im Team mit Experten des jeweiligen Gebiets, Entscheidendes zu bewegen.

Prof. Dr. Hermann Hueber

Hermann Hueber studierte Mathematik an den Universitäten Erlangen und Bielefeld. In Bielefeld wurde er auch promoviert und habilitiert. Nach einigen Jahren in Forschung und Lehre wechselte er 1998 in die Wirtschaft.

Zunächst war Dr. Hueber drei Jahre für verschiedene DV-Beratungen im finanzwirtschaftlichen Umfeld tätig, bevor er 1992 als Wissenschaftlicher Direktor zu dem Marktforschungsunternehmen A. C. Nielsen nach Frankfurt wechselte.

Bereits ein Jahr später eröffnete sich für ihn durch den Einstieg bei dem SAP Systemhaus SVC AG /itelligence AG – einem IT-Unternehmen mit einer starken Beratungskomponente – die Möglichkeit, in seine angestammte Bielefelder Umgebung zurückzukehren.
Zunächst war Dr. Hueber leitender Mitarbeiter, später Mitglied der Geschäftsleitung, Prokurist und Partner und wirkte dabei maßgeblich mit, aus einer anfänglich zehn Mitarbeiter zählenden GmbH ein heute am Neuen Markt notiertes Unternehmen mit weltweit etwa 1400 Mitarbeitern zu machen.
Seit Juni 2001 fungierte er als Finanzvorstand (CFO) der itelligence AG; diesen Posten hat er im Sommer 2003 aus persönlichen Gründen niedergelegt.

In seinem Beitrag macht Hermann Hueber sehr überzeugend deutlich: Will man in einem Unternehmen – gleich welcher Art – zu wesentlichen neuen Erkenntnissen kommen, eine Lösung für ein bisher ungelöstes Problem finden, so ist es mitunter unausweichlich, sich ein neues oder erweitertes Grundlagensystem zu suchen. Dann nämlich, wenn sich das vorliegende Problem oder die anstehende Aufgabe unter den gegebenen Bedingungen nicht bewältigen lässt.
Dies ist auch ein psychologisches Phänomen, denn wir alle neigen dazu, Probleme mit den Mitteln zu lösen, die uns vertraut sind, vor allem dann, wenn wir oder andere damit bereits Erfolge erzielen konnten. Es gibt aber Situationen, da kommen wir mit unseren gängigen Lösungsversuchen nicht weiter. Dann sind eine besondere Kreativität und der Mut zu Neuem gefragt. Und dazu gehört im Zweifelsfall auch ein Umbau unseres „Axiomensystems".

Die Axiome einer Firma

Hermann Hueber

Mathematische Disziplinen wie zum Beispiel die Arithmetik, die Geometrie oder die Wahrscheinlichkeitstheorie bauen auf Axiomensystemen auf. Diese Grundlagensysteme erfüllen zwei Bedingungen – sie sind widerspruchsfrei und sie sind minimal, d. h. keines der Axiome lässt sich aus den übrigen Axiomen durch logische Schlussfolgerungen herleiten. Darüber hinaus erfüllt ein gutes Axiomensystem noch eine weitere Bedingung: Es ist so gefasst, dass man daraus auf möglichst einfache Weise interessante, im Sinne der Theorie besonders nützliche Ergebnisse herleiten kann.
Es liegt auf der Hand , dass sich aus einem vorgegebenen Axiomensystem nur eine begrenzte Menge von Aussagen herleiten lässt. Schlimmer aber noch, es gibt immer auch Aussagen, deren Richtigkeit oder Ungültigkeit sich mittels der gewählten Axiome nicht entscheiden lässt. Will man also zu wesentlichen neuen Erkenntnissen kommen, eine Lösung für ein bisher ungelöstes Problem gewinnen, so ist es gelegentlich unausweichlich, sich ein neues oder erweitertes Axiomensystem zu suchen. Dies kann zum Beispiel dadurch geschehen, dass man zur Lösung eines Problems Methoden und damit Axiome aus einer anderen mathematischen Disziplin heranzieht.

Wenn man wie wir als Berater in Unternehmen hineingeht, dann stellt man schnell fest, dass auch dort das Geschehen von Axiomen bestimmt wird. „Der Chef hat immer Recht", Kundenorientierung, offene Kommunikation sind bekannte Beispiele für solche Axiome. Jedes Unternehmen hat neben allseits bekannten auch spezifische Axiome – Geschäftsgrundlagen, auf denen sich das Geschehen im Unternehmen aufbaut. Die fallen uns, da wir über Vergleichsmöglichkeiten verfügen, in der Regel mehr oder weniger schnell auf, selbst wenn sie mitunter aber auch unbewusst und verdeckt praktiziert werden.
Da wir immer wegen einer bestimmten Problemstellung gerufen werden, stellt sich uns stets und ganz selbstverständlich die Frage, ob das vorliegende Problem mithilfe der vorhandenen Axiome lösbar ist oder nicht.
Hierbei hilft uns, dass wir in der Regel sehr lange Kundenbeziehungen haben. Was zur Folge hat, dass wir es mit sehr unterschiedlichen Situationen und mit verschiedenen Leuten zu tun haben und uns so ein recht umfassendes und tiefenscharfes Bild machen können. Zuerst braucht der

Kunde vielleicht einen Unternehmensberater, der sich in Prozessen auskennt, dann braucht er jemanden, der die Prozesse auf die Software einstellt und dann braucht er jemanden, der zuprogrammiert, so dass das ein ganz langer Lebenszyklus ist.

Es hilft uns gewiss auch, dass viele unserer Berater Mathematik studiert haben. Der Mathematiker unterliegt nicht der Versuchung, das, was er im Studium gelernt hat, permanent in der Wirtschaft anwenden zu wollen. Er hat diesen Anspruch nicht, sondern er versucht, die Geschichte so zu verstehen, wie sie ist und dann zu verbessern. Was insbesondere in der Beratung nicht verkehrt ist.[1]
Hinzu kommt das besondere Umfeld unserer Branche, im dem Mathematiker und übrigens auch Physiker sehr gute Arbeit abliefern. Dazu muss man unsere besondere Stärke kennen. Als SAP-Systemhaus befassen wir uns nicht mit Standardeinführungen, sondern wir schmieden individuelle Lösungen und Anpassungen. Dazu müssen wir uns mit einer gewissen Geschwindigkeit an die ganz neuen Dinge heranwagen, müssen sehr komplexe Sachverhalte verstehen und dann eine Lösung finden, und zwar nicht eine, die man bereits hat, nur neu anwenden, sondern eine tatsächlich neue Lösung finden.
Auf diese Weise versuchen wir, anderen einen oder zwei Schritte voraus zu sein. In einem zweiten Schritt lässt sich dann ein Wiederholgeschäft generieren, womit wir uns unser Investment zurückholen. Am besten mit Projekten in verschiedenen Branchen, damit man nicht der Konkurrenz des Kunden weiterhilft. Das will ja auch keiner haben. Der aktuelle Stand unserer Theorie bietet also einen Fundus an Lösungen, aus dem wir schöpfen. Zugleich sind wir aber ständig dabei, unsere Theorie weiter auszubauen, um unseren Vorsprung zu halten.

Mathematiker sind zu dieser Art Geschäft auch deshalb hervorragend geeignet, weil die Probleme und entsprechend die Bearbeitungsmethoden zunehmend mathematischer werden. Häufig geht es zunächst einmal darum, ein Problem in einer Sprache zu beschreiben, in der es allen Beteiligten verständlich wird und überhaupt eine Lösung zulässt. Dazu kann es erforderlich sein, die Prozessgrundlagen radikal zu ändern.
Der Kunde muss auch begreifen, dass er nicht permanent bei seiner Sprache bleiben kann. Ein Maschinenbauer hat vielleicht zwanzig Jahre lang sehr schöne Maschinen produziert mit einer eigenen Sprache, aber irgendwann muss er eine allgemeingültige Sprache finden, weil er nicht mehr mit sich alleine kommuniziert im Hause, sondern er muss mit seinen Kunden kommunizieren und mit den Ingenieurbüros, bei denen er ausge-

[1] Ähnlich äußert sich A. Bachem in seinem Beitrag

lagert produzieren lässt, er muss die Wartung über das Internet sichtbar machen, d. h. er muss allgemein akzeptierte Standards finden.

Das ist etwas, was die Mathematiker nicht erst seit Gödel besonders fasziniert – man denkt über die Sprache nach, mit der man sich verständigt, hat mit Gödel vielleicht sogar endgültige Aussagen über die Grenzen dieser Verständigungsmöglichkeiten. Und man denkt über andere Axiome und darüber nach, ob man damit nicht ein noch besseres Bild der Wirklichkeit entwerfen kann als das, was wir heute als Mathematiker haben. Gerade diese Fragestellungen, mit denen der Mathematiker immer wieder konfrontiert wird, diese Dinge trifft man immer wieder auch in der Wirtschaft, vor allem im Management. Auch wenn das nicht jeder glaubt.

Bei seinen Untersuchungen, wie es Prozesse optimieren kann, wird das Management, wenn es richtig über die Prozesse nachdenkt, auch über sich selbst nachdenken. Wir wissen, dass die Organisationsform, die wir hier im Haus haben, nicht optimal ist. Deshalb denken wir darüber nach, wie wir uns selbst verbessern können. Wenn man sich als Firma einen Berater wie uns von außen holt – das ist wie in der Mathematik – schaut der sich an, mit welchen Axiomen die Firma arbeitet, stellt fest, die arbeitet mit falschen oder mit nicht zusammenpassenden. Eine gut organisierte Firma ist selber in der Lage, darüber nachzudenken: »Arbeiten wir mit den richtigen Prinzipien, beschäftigen wir uns in angemessener Weise mit den richtigen Dingen, bin ich als Person auf meiner Position die richtige, müsste ich nicht woanders stehen? Müsste ich nicht gar ersetzt werden?«

Viele Managementprobleme entstehen und verschärfen sich dadurch, dass man es mit Standardlösungen versucht, die Standardlösungen aber nicht passen. Ein typisches Beispiel hierfür sind die Trainerentlassungen in der Fußballbundesliga. Anstatt das eigentliche Problem überhaupt erst einmal zu erkennen und in einer für alle Beteiligten verständlichen Sprache richtig zu formulieren, greift man, meist zu einem (zu) späten Zeitpunkt zum Mittel des Trainerwechsels. Man beobachtet die Symptome und kennt vielleicht einige der vielschichtigen Ursachen, verfällt dann aber immer wieder auf die „Standardlösung" Trainerentlassung. Nach einer echten Lösung wird nicht gesucht, weil dazu die Managementkenntnisse nicht ausreichen oder die Interessenlage das verhindert.[2]
Es ist wie überall im Management – wenn man sich nicht ständig auf seine Stärken besinnt und seine Schwächen vor dem „Gegner" verbirgt, wenn man nicht bereit ist, auch Anregungen von außen aufzunehmen

[2] Falls ein Trainerwechsel doch einmal dauerhaften Erfolg bringt, heißt es dann: „Dieser Trainer war für die Mannschaft ein Glücksfall."

und zu verarbeiten, nicht bereit ist, ständig darüber nachzudenken, »sind wir richtig aufgestellt, bin ich auf dem richtigen Platz oder bin ich gar überflüssig?«, dann wird es irgendwann zu einer Fehlentwicklung kommen.

Wir alle neigen dazu, Probleme mit den Mitteln zu lösen, die uns vertraut sind, vor allem dann, wenn wir oder andere damit bereits Erfolge erzielen konnten. Der Mathematiker ist da keineswegs ausgenommen. Es gibt aber Situationen, da kommen wir mit unseren gängigen Lösungsversuchen nicht weiter. Dann sind eine besondere Kreativität und der Mut zu Neuem gefragt. Und dazu gehört im Zweifelsfall auch ein Umbau unseres Axiomensystems. Mit einem solchen Wechsel eröffnen sich oft auch neue Möglichkeiten, an die man zuvor nicht gedacht hat, sei es in der Wissenschaft, sei es im Geschäft.

Dr. Udo Dierk

Dr. Udo Dierk studierte Mathematik und Physik an der Universität Göttingen und promovierte an der Technischen Universität Braunschweig zum Doktor der Naturwissenschaften in Informatik.
Seine berufliche Karriere begann Udo Dierk als Softwareentwickler bei der Gesellschaft für Wissenschaftliche Datenverarbeitung in Göttingen. 1980 trat er in die Nixdorf Computer AG ein, wo er für die Entwicklung der gesamten Kommunikationsprodukte von Nixdorf zuständig war. 1987 wurde er Leiter der Nixdorf-Ausbildung, ehe er 1990 Stellvertretender Leiter der Berufs- und Weiterbildung bei Siemens Nixdorf wurde. Dort bekleidete er Positionen als Leiter des Geschäftsgebiets Training und Services sowie als Leiter der Personal- und Organisationsentwicklung, bevor er 1998 zu Corporate Human Resources der Siemens AG kam. Dort war er unter anderem für Recruiting, Sourcing und Management Learning zuständig; derzeit ist er Vice President, Management Learning für den Siemens Konzern weltweit.

In seinem Beitrag verrät uns Udo Dierk, wie das Anwenden von Strukturen, das Denken in nicht-linearen Regelkreisen und bildhafte Intuition, ergänzt durch analytisches Vorgehen, sein Arbeitsleben stärker prägt als das im Studium erworbene Wissen. Schon seit dem Studium versteht sich Mathematik für ihn nicht als intellektuelle Herausforderung allein, sondern wird stets unter dem Aspekt der Anwendbarkeit gesehen.

Management Learning bei Siemens

Udo Dierk

Auch wenn ich Mathematik studiert habe, war ich doch zu keinem Zeitpunkt „Nur-Mathematiker". Eigentlich von Beginn an war für mich die Mathematik vielmehr etwas, was ich nutzte und benutzen kann, um letztlich andere Dinge zu machen. Ich habe mir allerdings nie träumen lassen, dass ich mich einmal im „Lernen", als Leiter des „Management Learning" bei Siemens, wiederfinden würde.

Bereits während des Studiums bin ich mir relativ früh darüber im Klaren gewesen: Das reine Umgehen mit Strukturen, das macht zwar Spaß – intellektuell – aber es bringt eigentlich nichts. Deshalb bin ich dann relativ früh von der reinen Mathematik in die Informatik hinübergewechselt, einfach um Mathematik mehr anwenden zu können. In Informatik habe ich schließlich promoviert. Es hört sich heute so klar an: Mathematik anwenden. Aus heutiger Sicht war die Informatik der siebziger Jahre zu großen Teilen noch reine Mathematik. Die Automatentheorie ist zum Beispiel im Prinzip reine Algebra. Oder es sei an einen Buchtitel erinnert, den ich sah: „Informationstheorie. Eine Einführung in moderne Algebra". Aber ein gewisser praktischer Ansatz war damals wenigstens vorhanden.

Ich habe vieles an der Mathematik schätzen gelernt – den Umgang mit Strukturen, das Denken in Strukturen, in Systemen und Regelkreisen, dieses Auseinandernehmen und wieder Zusammensetzen von Strukturen und auch das sehr klare Denken in axiomatischen Systemen. Das Ganze wird in einem streng gesteckten Rahmen betrachtet, in dem man sich ausschließlich bewegt, alles andere wird ausgeblendet. Diese Denkerfahrungen und Vorlieben prägen mich noch heute.

Auf der anderen Seite interessierte mich besonders das algorithmische Denken in der Informatik. Leider konnte sie damals noch nicht richtig mit nicht-linearen, zeitabhängigen Prozessen umgehen, die sich eben nicht deterministisch wiederholen, und auch nicht mit Parallelprozessen, um die es ja im praktischen Leben häufig geht.

In meinem gesamten Berufsleben (erst Nixdorf, bis hin zur Gesamtverantwortung für die Datenfernverarbeitungssoftware, dann Siemens, jetzt Management Learning) fühlte ich mich mit der erworbenen Denkfähigkeit in Regelkreisen und in diesen nicht-linearen Prozessen sehr wohl. Meine heutige Art und Weise, wie ich Probleme angehe und sie analysiere und kategorisiere, ist allerdings stärker von der Mathematik beeinflusst als durch die Informatik.

Die Mathematik spiegelt sich auch in meinem Management- und Führungsstil wider. Sie gestattet mir, relativ klare Vorstellungen von Zusammenhängen und von Interdependenzen zu entwickeln, die ich auch versuche, meinen Mitarbeitern und anderen deutlich zu machen. Es passiert mir immer wieder, dass Mitarbeiter sagen »so habe ich das noch gar nicht gesehen«. Dann nämlich, wenn die Zusammenhänge klar werden.
In meinem Kopf scheint sich erst ein Bild zu manifestieren, ein grobes, ganzes Bild. Ich habe recht rasch eine Idee, die im Prinzip die Probleme erkennt und Zusammenhänge enthält. Ich beginne dann erst, dieses Bild oder diese Idee zu analysieren. Es ist selten, dass ich eine Idee aus einer vorhergehenden Analyse schöpfe. Meist ist die Idee in Form eines Bildes zuerst da. Das versuche ich zu verifizieren, indem ich es analysiere. Natürlich kann es auch auf ein Falsifizieren hinauslaufen, aber meistens findet meine Ausgangsidee Bestätigung. Bei diesem Denkvorgang sehe ich dann alle Zusammenhänge noch klarer. Ich beginne also mit dem Intuitiven und ergänze es durch das Analytische. Ich male sehr viel, wenn ich spreche, ich versuche quasi zu visualisieren oder auch zu visionalisieren.

In mir scheint auch das meiste visuell gespeichert zu sein. Im Management muss man oft den bekannten psychologischen MBTI-Test absolvieren, der für jede Person den Myers-Briggs-Type-Indikator feststellt. Eine Komponente des Tests analysiert, ob man intuitiv oder analytisch denkt. Bei mir zeigt dieser Test auch auf die intuitive Seite, dorthin eben, wo ich mich selbst spüre.
Vor diesem Hintergrund denke ich oft, dass mich die Präferenz für das intuitive Denken im Arbeitsleben weitergehender prägt als das im Studium erworbene Wissen. Im Grunde steht also der Charakter stärker im Vordergrund. Von meiner Ausbildung in Mathematik ist eigentlich nur das hängen geblieben, was man so Methodenkasten oder Tool Box nennt.

Wir finden das übrigens bei Siemens häufig: Mit zunehmender Berufspraxis tritt die Ausbildung mehr und mehr in den Hintergrund. Die eigentliche Fachlichkeit dessen, was man in der Ausbildung gelernt hat, ist relativ schnell vorbei.
Was letztlich zählt, ist die erbrachte Leistung. Dabei spielen Persönlichkeit und Methodenkasten eine weitaus wichtigere Rolle als das im Studium erworbene Fachwissen. Mich zum Beispiel interessiert nicht mehr, was

jemand früher mal studiert hat – persönlich schon, aber für die Arbeit interessiert mich mehr, was jemand in den letzten fünf Jahren gemacht hat.
Dazu muss man wissen, dass die achtzehn Leute, aus denen sich das Team des Management Learning bei Siemens zusammensetzt, weltweit verteilt sind und aus sehr unterschiedlichen Fachrichtungen und Kulturkreisen stammen. Unter uns sind Psychologen, Pädagogen und Techniker, auch eine Industriekauffrau, also keineswegs alles Akademiker. Wir sind weltweit tätig, entsprechend der weltweiten Präsenz von Siemens und aufgrund unserer Verantwortung für die strategischen Weiterbildungs- und Entwicklungsmaßnahmen für unser gesamtes Management – also nicht nur in München, sondern auch in Australien, in Brasilien oder New York. Wir haben es daher mit einem Netzwerk von Kompetenzen zu tun, das die achtzehn individuellen Methodenkästen der Mitarbeiter vereint.

Was meinen eigenen Methodenkasten betrifft, greife ich immer wieder auf zwei wesentliche Dinge zurück, von denen anfangs schon die Rede war: Das Denken in Regelkreisen und der Umgang mit Strukturen. Darüber hinaus profitiere ich in meiner täglichen Arbeit von dem Umstand, dass ich im Gegensatz zu den Kollegen merke, dass ich weniger Schwierigkeiten habe, einfach mit gesetzten Fakten umzugehen. Man mag das als Pragmatismus bezeichnen oder vielleicht kommt es auch aus der Axiomatik heraus, wie wir das aus der Mathematik kennen. Dass der Mathematiker lernt: Axiome sind etwas, das hinterfragt man nicht, das ist einfach da und das nimmt man als gegeben an und daraus zieht man seine Schlüsse.

Ein im Management ebenfalls äußerst hilfreiches Muster ist die Ausrichtung nach „Satz und Beweis", also zu trennen zwischen den Voraussetzungen und der Aussage, die ich mache und wie ich diese beweise. Da merke ich, dass diejenigen, die in ihrer wissenschaftlichen Ausbildung nicht so formal erzogen worden sind, das sehr häufig vermischen. In der Diskussion wird dann etwas – immer in unserer Sprechweise – in die Behauptung hineingezogen, was eigentlich Voraussetzung ist. Es fällt vielen schwer zu trennen zwischen der Voraussetzung und der Behauptung, zwischen den abhängigen und den unabhängigen Variablen.

Was mir auch immer wieder auffällt, auch in Diskussionen, ist das Denken in Äquivalenzklassen, wie das beim Vergleichen geschieht. Also das Ausblenden von verschiedenen Eigenschaften und das Fokussieren auf gleiche Eigenschaften. Das ist etwas, was ich sehr häufig benutze, wo aber dann andere Schwierigkeiten haben mitzugehen. Wenn ich einfach sage »unter diesem Aspekt sind sie gleich« und daraus dann meine Schlüsse ziehe.

Das hängt sicherlich damit zusammen, dass vielen Menschen der rein technische Umgang mit der Logik nicht gebräuchlich ist und demzufolge Schwierigkeiten bereitet. Was zum Beispiel vielen Leuten schwer fällt, ist die negative Implikation. Es werden dann nicht beide Aussagen verneint und es wird auch nicht beachtet, dass in umgekehrter Richtung geschlossen werden muss. Das führt häufig in Diskussionen zu heftigen Missverständnissen und Verwirrung. In der Mathematik hingegen ist diese Art zu denken als „indirekte Beweisführung" gang und gäbe.[1]

Ein Punkt, der mir noch aufgefallen ist – die Mathematik lebt ja letztlich von der dualen Logik. Ja und Nein. Dieses ist eine sehr künstliche Definition, die sich allerdings als sehr praktikabel erwiesen hat; damit kann man wahnsinnig viele Phänomene naturwissenschaftlicher Art erklären, die ganze Informatik basiert darauf. Die reale Welt ist aber nicht so. Die reale Welt ist nicht so digital. Da gibt es neben „ja oder nein" auch „vielleicht", „manchmal" und solche Dinge.

Ich spreche hier ein Phänomen an, das den Mathematiker ganz besonders betrifft. Es bedarf großer Anstrengungen, nicht ständig in der erlernten Kategorie verhaftet zu bleiben, alles durch die Brille des eigenen Faches zu sehen. Der Mathematiker muss lernen, dass es hier eine Mathematikwelt gibt, die mathematisch funktioniert, und hier eine reale Welt, die real anders funktioniert. Auch, wenn die Mathematik viele nützliche Modelle bereitstellt.

Dieses Verhaftetsein in der erlernten Disziplin gilt übrigens nicht nur für Mathematiker. So fällt es beispielsweise vielen Managern oder allgemein stärker sensorisch denkenden Menschen, deren Methodenkasten mehr in der linken Gehirnhälfte angesiedelt ist, schwer, sich anderen Kategorien, gewissermaßen der anderen Gehirnhälfte, zu öffnen.

Andererseits erwartet man gerade von Mathematikern, dass sie sich „artgerecht" verhalten, sprich quantifizieren und messen, was zu messen ist.

---

[1] Wenn man also zeigen will, dass unter bestimmten Voraussetzungen auf die Gültigkeit einer Aussage A geschlossen werden kann, dann sagt man „nehmen wir 'mal an, dass A nicht gilt" und versucht daraus abzuleiten, dass dann eine der Voraussetzungen nicht zutreffen kann und folglich die Annahme falsch war.

Im Management Learning gelingt uns das Messen von Fortschritt oder Leistung aber eher schlecht als recht, aus verschiedenen Gründen. Einmal ist es natürlich ein willkürlicher Schluss, dass irgendein späteres positives Ergebnis genau dem Lernen zuzuordnen ist. Eine solche Beweisführung muss scheitern oder wäre zu aufwändig, selbst wenn sie möglich wäre. Wir müssten ja jedes Lernprogramm per Audit überwachen. Das ist zu teuer. Was uns bleibt, ist der Verweis auf die vielen Beispiele, die so etwas wie belegte Erfolgsstories sind.
Das mathematische Messen von Erfolg hat auch viel mehr Hintertüren und Fußangeln, als man glaubt, insbesondere im Bereich verschiedener Interpretationsmöglichkeiten. Hinzu kommt, dass die dabei angelegten Maßstäbe vergleichsweise zwanghaft wirken, manchmal fast willkürlich aussehen.
Allerdings kann man schon oft mehr messen als man gemeinhin glaubt. Wir versuchen zum Beispiel bei Siemens, den Erfolg von Führung zu messen. Es gibt eine Methode, die Balanced Scorecard, mit der sich in einigen Bereichen wunderbar messen lässt, etwa im Vertrieb oder im Finanzwesen. Dann gibt es den Prozessteil – dort wird es schon schwieriger mit Messen. Und es gibt Versuche, im Bereich der Kundenbeziehungen Messungen anzustellen und zu verwerten (der Customer-Teil), dort wird mit Kundenzufriedenheitsindizes gearbeitet. Der allgemein-menschliche Teil entzieht sich schließlich mehr und mehr allen wirksamen Messungen.

Bei uns im Management Learning wollen wir nicht wissen, wie jemand führt, denn das ist Stil, das ist Eigenheit – da führt einer die Entwicklung, der andere ist aus dem Vertrieb –, sondern wir wollen wissen, was letztlich bei den Mitarbeitern an Führung ankommt. Schließlich sind sie deren Ziel.
Deshalb werden wir zum Beispiel jetzt weltweit alle Direct Reports [Mitarbeiter] von solchen Führungskräften, die in Deutschland im Rang den leitenden Angestellten entsprechen, mit zehn Fragen versehen, die sich mit dem Empfinden von Führung befassen. Eine Frage ist zum Beispiel »kümmert sich die Führungskraft um mich auch als Mensch oder nur als Mitarbeiter?« Wir lassen uns das auf einer Skala von 1-5 bewerten. Dadurch glauben wir, dass wir in einer gewissen Art und Weise Führung messbar machen können. Genauer gesagt, wir können Führungs*ergebnisse* messbar machen, nicht Führungs*verhalten*.

Aber jetzt kommt die Frage, was machen wir mit den Ergebnissen? Stellt man jetzt eine Bundesligatabelle auf, wer der bessere Führer ist? Das wäre Quatsch. Oder sagt man – und das ist eigentlich unser Anspruch –

»okay, jetzt haben wir hier quasi ein Messergebnis; können wir daran erkennen, wo und wie sich jemand verbessern kann?«
Was muss von einer Führungskraft getan werden, damit die nächste Befragung mit den gleichen zehn Fragen an dieser oder jener Stelle besser wird? Das halte ich für eine vernünftige Anwendung von Messen: Man legt eine Messlatte als Richtschnur an, und gegen die verändert man sein Verhalten. Es geht keinesfalls um Antworten auf »Bin ich der Bessere gegenüber meinem Kollegen?«, denn wir haben im Management ganz und gar unterschiedliche Situationen. In guten Wirtschaftsbereichen oder -phasen ist es leicht, alles in guter Stimmung zu halten und entsprechend gute Zufriedenheitsmessungen zu erzielen. In starken Abbauphasen ist eben Druck überall.
Als Mathematiker habe ich vor solchen Messvorgängen eine viel geringere Scheu als dies etwa Kollegen aus dem Bereich der Geisteswissenschaften haben.

Man muss sich eben deutlich machen, das Messen nichts Absolutes ist, weil es hierbei nicht immer einen absoluten Nullpunkt gibt. Oft ist es eher wie bei einem Thermometer: Man kann sagen, heute ist es wärmer als gestern, aber nicht, heute ist es doppelt so warm wie gestern. Das ist selbst dann sinnlos, wenn es heute zwei Grad Celsius ist und gestern ein Grad Celsius warm war. Es geht bei unseren Messungen nicht um absolute Standortbestimmungen, sondern um Hilfsmessungen, sich relativ in verschiedenen Zusammenhängen zu verbessern. Unsere Skalen sind dann natürlich in Richtung „schlechter" versus „besser" ausgelegt.

Heute wird oft für ein ganzes Unternehmen der Shareholder-Value zum alleinigen Maßstab für den Unternehmenserfolg erhoben. Das machen wir bei Siemens nicht. Wir stehen da im Einklang mit zahlreichen europäischen Unternehmen. Natürlich hat der Shareholder-Value in den letzten zehn Jahren eine viel höhere Bedeutung bekommen, aber wir sprechen bei Siemens immer noch von den Stakeholdern – das sind alle Parteien mit einem Interesse am Unternehmen, also die Mitarbeiter, die Aktionäre, die Kunden und die Umwelt. Und die müssen in einer gewissen Form gleichartig oder gleichgewichtig bedient werden.
Nun hat sich die Priorität offenkundig in die Richtung des Shareholder-Value verschoben. Aber wir haben zum Beispiel hier bei uns eine Messgröße eingeführt, EVA (Economic Value Added). Das ist im Grunde genommen die Kapitalverzinsung – nicht die Eigenkapitalverzinsung, sondern man unterstellt, man braucht um das Geschäft zu betreiben, einen gewissen Kapitalstock. Jetzt vergleicht man zwei Strategien: Lege ich dieses Geld auf die Bank und bekomme dafür Zinsen ohne Risiko oder ma-

che ich damit Geschäft? Wenn ich mich für das Geschäft entscheide, muss ich dafür mindestens so viel wie die Zinsen von der Bank verdienen, sonst lohnt sich der ganze Aufwand nicht. Das ist natürlich eine Messgröße, die sehr stark als Treiber für den Shareholder Value wirkt. Und ihre Betrachtung hat bei uns im Unternehmen schon eine Menge verändert. Aber wir haben sie nie als den einzigen Wert erachtet, im Gegensatz zu anderen großen Unternehmen hierzulande. Die gesellschaftliche Verantwortung (etwa auch die Umweltverantwortung) spielt bei uns eine große Rolle.

Prof. Dr. Friedrich E. P. Hirzebruch

Friedrich Hirzebruch erhielt 1955 im Alter von 27 Jahren einen Ruf als Professor für Mathematik an die Universität Bonn. 1969 wurde an dieser Universität der Sonderforschungsbereich „Theoretische Mathematik" gegründet, der unter seiner Leitung bald hohes internationales Ansehen erlangte und Mathematiker der verschiedensten Richtungen nach Deutschland führte. Auf diesem Potential konnte 1980 das Max-Planck-Institut für Mathematik in Bonn aufbauen, ein Forschungszentrum von internationalem Rang, das Hirzebruch bis zu seiner Emeritierung im Jahre 1995 als der „Managing Director" leitete.

Seine mathematischen Leistungen sind u. a. mit dreizehn Ehrendoktoraten (Stand: Juli 2003), der Aufnahme in den Orden Pour le mérite für Wissenschaften und Künste (1991), dem Großen Verdienstkreuz mit Stern der Bundesrepublik Deutschland (1993), sowie höchsten internationalen Ehrungen wie u. a. dem israelischen Wolf-Preis in Mathematik (1988), dem Seki-Preis (Goldmedaille) der Japanischen Mathematischen Gesellschaft und dem japanischen Orden vom Heiligen Schatz, goldene und silberne Strahlen (1996) und der Lomonossow-Goldmedaille der Russischen Akademie der Wissenschaften (1997) gewürdigt worden und sichern ihm einen bleibenden Rang.

Obwohl er reiner Wissenschaftler ist und sein Institut keinerlei kommerzielle Interessen verfolgt, repräsentiert Hirzebruch in vorbildlicher Weise alle wesentlichen Eigenschaften eines erfolgreichen Unternehmers: Er vereint in sich die Qualitäten eines Mentors, Organisators und „Botschafters" in einem lokalen und globalen Netzwerk und eines Fachmannes von großer Originalität und Breite. Sein Wirken ist von ansteckendem Enthusiasmus und hohem Anspruch geprägt. Als Spiritus rector hat er maßgeblich die von Kreativität und Motivation getragene Atmosphäre im Institut beeinflusst.

In seinem Beitrag vertritt Friedrich Hirzebruch ein Erfolgsverständnis, das sich durchaus auf Wirtschaftsunternehmen übertragen lässt: Sich in einer Freiraum bietenden Arbeitsatmosphäre im offenen weltweiten Austausch mit den Besten messen, ohne dabei fremdbestimmt zu sein.

Wir sind <u>für uns</u> erfolgreich

Friedrich Hirzebruch

Auch für uns zählt der Erfolg...

Wirtschaftsunternehmen werden nach ihrem Erfolg beurteilt. Bei uns im Max-Planck-Institut für Mathematik ist das nicht anders, auch wenn sich unser Erfolg nicht in Euro oder Dollar bemessen lässt. Sehr wohl aber sind auch wir daran interessiert, die Erwartungen unserer Stakeholder zu erfüllen. Das ist im engeren Sinne die Max-Planck-Gesellschaft, unsere Dachorganisation, von der wir auch unsere Geldmittel bekommen, im weiteren Sinne aber die Gesellschaft insgesamt.

Erfolg in der Forschung lässt sich nicht direkt planen; das gilt erst recht für die Mathematik, in der Erfolge, also beispielsweise der Beweis wichtiger Resultate, nicht selten ganz überraschend gelingen. Wir können also keinen Plan aufstellen, mit einer bestimmten Anzahl Mannjahren oder Etappen, nach denen wir bestimmte Teilergebnisse erzielt haben wollen. Was wir aber können und stets auch versuchen, ist die Schaffung einer fruchtbaren Atmosphäre, in der das Entstehen von Neuem gefördert wird. Das wollen wir auf zweierlei Weise erreichen.

Oberstes Prinzip ist für uns die Auswahl unserer Gastforscher nach strengen fachlichen Kriterien. Bei uns kann sich jeder bewerben, einen gewissen Zeitraum zu Forschungszwecken an unserem Institut in Bonn zu verbringen. Die Herkunft spielt dabei keine Rolle, allein die Qualität der Bewerbung entscheidet über Annahme oder Ablehnung des Antrags. Es geht also nicht um Entwicklungshilfe in mathematischer Forschung, sondern ganz im Gegenteil um Spitzenforschung.
Wir laden meist jüngere Leute ein, die uns von berufener Seite empfohlen wurden oder die uns durch besondere Publikationen aufgefallen sind. Diese treffen hier am Institut auf Altersgenossen, aber auch auf erfahrene Persönlichkeiten. Auf diese Weise schaffen wir ein besonders kreatives Gemisch aus ambitionierten Wissenschaftlern.

Das zweite Prinzip, das wir verfolgen, besteht darin, dass wir Leute zusammenbringen, die bisher nicht zusammengearbeitet haben und die hier eine gute Arbeitsgruppe zu bilden versprechen. Manchmal entstehen solche Arbeitsgruppen auch spontan. Zum Beispiel haben wir im Augenblick, was mir gut gefällt, einen Schweden und einen Inder als Gäste am Institut, die noch nie etwas von einander gehört hatten. Sie arbeiten jetzt zusammen. Über den Schweden wurde gesagt, dass er zur Zeit relativ isoliert arbeite, und bei uns hat er sofort einen Partner gefunden. So etwas kommt oft vor.

Natürlich liegt hier auch eine Rolle unserer vier wissenschaftlichen Direktoren. Die Bewerber legen eine Beschreibung ihres Forschungsvorhabens vor. Darin schildern sie ihr gegenwärtiges Arbeitsgebiet und ihre wesentlichen Gedanken dazu, auch ihre Pläne oder „Träume" oder Ideen, mit denen sie sich während eines Aufenthaltes an unserem Institut beschäftigen möchten. Diese Forschungsskizzen genügen eigentlich schon als Grundlage für eine vernünftige Planung: Wer soll wann mit welcher Fachrichtung und welchem Arbeitsgebiet an unserem Institut arbeiten? Wie können wir ihn am besten in eine Zusammenarbeit einbinden, wie können wir dabei auch den Kontakt zu anderen Bonner Mathematikern fördern?
All dies ist allerdings nur in Grenzen möglich, denn bei bis zu dreihundert Gastforschern und Stipendiaten, die wir hier durchschnittlich im Jahr haben, kann niemand einen genauen Überblick über die Vielfalt der von diesen Mathematikerinnen und Mathematikern vertretenen Richtungen und bearbeiteten Problemstellungen haben. Es ist also ausgeschlossen, dass die wenigen permanenten Leute – insgesamt fünf im wissenschaftlichen Bereich – mit jedem Einzelnen reden und ihr oder ihm sagen, mach´ Du ´mal das und mach´ Du ´mal das; sie können ihn nicht in eine bestimmte Richtung zwingen, sie können keine Marschroute für das gesamte Institut aufstellen. Das geht nicht und wäre auch nicht gewollt. Man hofft eben, dass die Leute sich unter einander inspirieren und bei Bedarf auch zu Dauermitgliedern des Instituts kommen und um Rat nachsuchen.

Wegen dieser vielen neuen Kontakte kommt es – für uns erfreulicherweise – häufig vor, dass sich während der Arbeit an einem Problem neue Fragestellungen auftun und es sich als sinnvoll erweist, diesen neuen Fragestellungen nachzugehen und das alte Programm zu verlassen. So kann am Ende eines Gastaufenthaltes etwas ganz anderes stehen, als man ursprünglich geplant hatte.

Nachdem wir auf diese Weise einen Rahmen und eine fruchtbare Atmosphäre für erfolgreiches Forschen geschaffen haben, überlassen wir ganz bewusst einiges dem Zufall. Intuition und Kreativität der hier Anwesenden können sich so nämlich am besten entfalten.

Auf diese Weise stellt sich bei uns Erfolg ein, Erfolg, der darin besteht, dass unsere Gäste bei ihrer Abreise auf eine Zeit der eigenen Inspiration in einer hervorragenden Arbeitsatmosphäre zurückblicken können, dass sie Ideen bei uns entwickelt haben, die sie zu Hause weiterführen, und Arbeiten entstehen, deren Publikation in renommierten Zeitschriften unser Institut bekannter machen hilft.[1]
Einmal im Jahr müssen wir einen Kurzbericht über unsere Aktivitäten für das Jahrbuch der Max-Planck-Gesellschaft schreiben. Das ist eine gute Gelegenheit für uns, unsere Erfolge gegenüber unserer Dachgesellschaft zu dokumentieren, die daran erkennt, dass sie eine gute Entscheidung getroffen hat, als sie 1980 beschloss, unser Institut in Bonn zu gründen.

...doch es ist unser eigener!

Dass wir mit diesen Erfolgen, auch im internationalen Vergleich, sehr gut dastehen, hat sicherlich auch eine Ursache darin, dass wir nicht fremdbestimmt arbeiten. Weder die Institutsleitung noch sonst irgendwer macht Vorgaben, dass wir uns bestimmten Projekten oder gar Auftragsforschungen zu widmen hätten.

In Wirtschaftsunternehmen ist es in der Regel so, dass diese nicht für sich selbst erfolgreich sind, sondern für andere, beispielsweise für die Aktionäre. Oder schauen Sie auf Branchen wie die Automobilzulieferer, deren Erfolg sehr stark vom Erfolg der Endfertiger abhängt, die ihrerseits den Zulieferern ganz erhebliche Vorgaben machen. Der Erfolg, den wir anstreben, ist hingegen unser eigener Erfolg. Wir sind für uns selbst erfolgreich und hoffen, dass alle am Institut daran beteiligt sind, davon profitieren, und dass unsere Gäste angereichert nach Hause zurückkehren.

Es zeigt sich übrigens immer wieder, dass diese Art des Erfolgsverständnisses keineswegs ausschließt, dass unsere mathematischen Ergebnisse eine Anwendung finden, auch wenn das nicht unsere primäre Zielsetzung ist. Wir sehen oft, dass die Mathematik mit vielen anderen Gebieten eng zusammenhängt, zum Beispiel mit der Physik, und diese Beziehungen zur Physik, die in den letzten zwei Jahrzehnten wieder besonders intensiv geworden sind, spielen in unserem Institut durchaus eine wichtige Rolle.
Wenn etwa zahlentheoretische Anwendungen existieren, dann freut das natürlich unsere Zahlentheoretiker. Sie entwickeln diese Anwendungen aber nicht selbst. Sie interessieren sich dafür und erwähnen sie dann

[1] Es ist bei Publikationen üblich, die Institution zu erwähnen, an der die darin dargestellten Ergebnisse erzielt wurden.

auch mit Stolz in ihren populären Vorträgen, wie zum Beispiel Herr Zagier, einer der derzeitigen Direktoren, wenn er über Kryptographie spricht oder ich über Codierung oder Fullerene.

Sitzungen werden klein geschrieben....

Wenn man Wirtschaftsmanager nach ihrer arbeitsmäßigen Hauptbelastung fragt, dann sagen die sehr häufig, »ich verbringe sechzig Prozent und mehr von meiner Zeit in Sitzungen.«[2] Diese Sitzungen haben sehr stark politischen Charakter und leiden oft unter dem Umstand, dass sich Fachleute und Nicht-Fachleute mit zum Teil sehr unterschiedlichen Interessen untereinander verständigen müssen. Bei uns ist das anders. Die vier wissenschaftlichen Mitglieder sind primär dafür da, dass sie mathematische Forschung betreiben; sie sollen optimale Verhältnisse für ihre eigenen Forschungen haben. Andererseits bilden die vier ein Gremium, aus dem abwechselnd einer für jeweils zwei Jahre die Geschäftsführung übernimmt. Hier ist also die Leitung stets in den Händen eines Fachmanns, und sie ist durch diese regelmäßigen Wechsel im Zweijahresrhythmus nicht so straff und zentral. Diese Struktur ermöglicht es, die Führung des Institutes auf ein notwendiges Minimum zu reduzieren, mit einer geringen Zahl von Sitzungen.

Wir haben für das Institut einen wissenschaftlichen Ausschuss, das Scientific Committee, das sich zur Zeit neben den permanenten Wissenschaftlern am Institut aus einigen Leuten von den Universitäten Bonn und Köln und auch drei ausländischen Mitgliedern zusammensetzt. In diesem Ausschuss beraten wir die eingehenden Bewerbungen für Mitgliedschaften für ein Jahr oder auch kürzer oder auch besondere Aktivitäten, die stattfinden sollen. Derartige Sitzungen finden drei- bis viermal im Jahr statt. Die Direktoren müssen dann die endgültigen Entscheidungen treffen, aber das findet mehr informell statt. Meetings im strengen Sinne sind also nur diese Treffen des wissenschaftlichen Ausschusses.

Darüber hinaus gibt es natürlich innerhalb der Max-Planck-Gesellschaft und auch im internationalen Rahmen Gremien und Kommissionen, die sich regelmäßig treffen und wo immer mindestens einer unserer Direktoren teilnimmt. Aber all das ist nicht so tragisch und nimmt höchstens einige Tage im Jahr in Anspruch. Sitzungen werden bei uns also klein geschrieben.

---

[2] Cf. auch den Beitrag von Ulrich Bos

...Tagungen dagegen groß!

Um so wichtiger für uns sind Tagungen! Man kann sagen, dass in einem gewissen Sinne das Max-Planck-Institut in Bonn aus einer Tagung entstanden ist. Durch die *Mathematische Arbeitstagung* hat Bonn als Zentrum für die Mathematik weltweite Bedeutung erlangt. Diese Tagung fand seit 1957 mit wenigen Ausnahmen jährlich statt und stand dreißigmal unter meiner Leitung. Im Jahre 1991 sind wir dann zu einem Zweijahresrhythmus übergegangen. Schaut man sich die Teilnehmerlisten zu diesen Tagungen an, dann findet man dort viele der ganz großen Namen aus der Mathematik der zweiten Hälfte des letzten Jahrhunderts.
Dieses weltweite Renommee schlug sich letztlich in der Überzeugung nieder, Bonn sei der würdige Standort für die Gründung eines Sonderforschungsbereiches der Deutschen Forschungsgemeinschaft (1969) und anschließend des Max-Planck-Institutes für Mathematik.

Neben dieser großen Tagung gibt es natürlich eine Vielzahl kleinerer Tagungen, die hier am Institut meist zu Spezialthemen abgehalten werden. Darüber hinaus besuchen unsere Mitglieder selbstverständlich viele auswärtige Tagungen in der ganzen Welt. Nicht selten fungieren sie dabei als Tagungsleiter oder als Mitglieder von Programmkommitees. Ich selbst war beispielsweise Vorsitzender des Programmausschusses für den internationalen mathematischen Kongress 1986 in Berkeley, Kalifornien. Ich erinnere mich übrigens daran, dass bereits damals die e-mail anfing, gängiges Kommunikationsmittel zu werden.

Das Prinzip Offenheit ....

Tagungen sind eine Form von Offenheit, einem Prinzip, durch das sich die gesamte mathematische Community auszeichnet. Offenheit wird in vielerlei Weise praktiziert. Unsere Gastforscher kommen aus allen Teilen dieser Welt, wirklich aus allen. Bei uns hat Globalisierung einen positiven Klang! Einziges Kriterium für eine Zusammenarbeit ist die Qualität der Arbeit.
Es besteht jederzeit die Möglichkeit, neue Arbeitsrichtungen aufzubauen. Wir sind also offen gegenüber neuen Entwicklungen und versuchen, diese selbst mitzugestalten. Ich selbst habe aus mathematischem Anlass mehr als dreißig Länder in allen Kontinenten besucht und dabei vieles vermitteln und eminent viele Eindrücke sammeln können.
Eine überragende Rolle spielten die USA, etwa Berkeley und Princeton und ebenso Japan. Weitere Highlights waren darunter, zum Beispiel immer wieder die Reisen nach Israel und nach Polen und eine Rundreise

durch Südafrika, die ich, noch zu Zeiten der Apartheid, auf Einladung der Südafrikanischen mathematischen Gesellschaft im Jahre 1989 gemacht habe. Ich musste damals zehn Vortragsthemen einreichen, aus denen die Universitäten in Südafrika sich „etwas aussuchen" konnten. Sie baten dann ihre mathematische Gesellschaft um diese Vorträge von mir. Innerhalb dieses Programms habe ich auch an rein „schwarzen" Universitäten vorgetragen.

Wir haben uns all die Jahre bemüht, Kontakte zu Osteuropa und China zu pflegen, auch bereits in der Zeit weit vor der Öffnung, denn die Mathematik steht dort auf einem sehr hohen Niveau. Insbesondere die russischen Anträge sind im allgemeinen hervorragend.
Man muss allerdings dazu sagen, dass es zu Zeiten des Eisernen Vorhangs keine sowjetischen Anträge für Gastaufenthalte geben durfte. Wir sind daraufhin selbst aktiv geworden und haben von uns aus Einladungen an geeignete Mathematiker ausgesprochen. Auch diese Einladungen wurden im Allgemeinen abgelehnt, zumindest wenn sie sich über ein Jahr erstreckten. Es gelang eigentlich nie, jemanden für ein ganzes Jahr zu gewinnen.

Dieselben Schwierigkeiten hatten wir natürlich mit der DDR. Gäste von dort waren praktisch nicht zu haben; ich selbst war aber regelmäßig zu Veranstaltungen dort. Länder wie Polen und Ungarn waren unkomplizierter, aber zu diesen Ländern hatten wir zunächst nur wenige Kontakte. Heute ist das natürlich anders geworden. Mit Freude kann ich sagen, dass ich im Jahre 1990 der erste Präsident sowohl der (Gesamt-) Deutschen Mathematiker-Vereinigung, als auch der European Mathematical Society wurde.

Im Laufe der Jahre wurde das Netzwerk „Internationale Mathematische Community" immer größer und leistungsfähiger und unser Institut ein wichtiger Knotenpunkt darin.
Gleichgewichtig zu diesen vielfältigen internationalen Kontakten habe ich schon sehr früh damit begonnen, auch ein nationales und fachübergreifendes Netzwerk von Kontakten zu den Wissenschaftsorganisationen und zur Wissenschaftspolitik auszubauen und zu unterstützen. Ohne dieses große offene Netzwerk aus lokalen und globalen Beziehungen ist das Entstehen des Max-Planck-Institutes für Mathematik undenkbar. Aus diesem Netzwerk kommt unser Erfolg.

... als Voraussetzung für Spitzenleistungen

Die Kombination aus möglichst guter fachlicher Kompetenz und Kommunikationsfähigkeit nach innen und nach außen macht meines Erachtens einen guten Manager aus. Dabei spielt es keine Rolle, ob das Produkt „Forschung" heißt, eine Dienstleistung darstellt oder ein Gebrauchsgegenstand ist. Es genügt nicht, ein guter „Community Organizer" zu sein. Auch die Inhalte, die kommuniziert werden, müssen von exzellenter Qualität sein.

Dies nachzuprüfen ist Aufgabe eines Fachbeirates, der unser Institut alle zwei bis drei Jahre evaluiert. Diesem Beirat gehören führende internationale Mathematiker an, immer ganz autonom denkende Leute, auf deren Urteil man sich verlassen kann – die also keine Gefälligkeitsgutachten abgeben, sondern ihren kritischen Verstand walten lassen und auch Kritik anmelden.
Diese Evaluationen zeigen immer wieder, dass wir auch einen Vergleich mit dem weltberühmten Institut for Advanced Study in Princeton, New Jersey, dem Institut des Hautes Etudes Scientifiques in Bures-sur-Yvette bei Paris oder dem Mathematical Science Research Center in Berkeley nicht zu scheuen brauchen.

Den uns immer wieder bescheinigten Spitzenplatz verdienen wir uns durch bahnbrechende Ergebnisse, durch prestigeträchtige Ernennungen und Einladungen, durch die Zuerkennung renommierter Preise und, last but not least, durch die Tatsache, dass die an unserem Institut erzielten Resultate in der Regel von anerkannten Zeitschriften zur Veröffentlichung angenommen werden.

Es sind also nicht wir selbst, sondern es sind international anerkannte Leute, es ist die internationale Community, die uns diesen Spitzenplatz unter den mathematischen Forschungsinstituten zuspricht. Wären wir nicht Spitze, würde es uns wohl nicht geben.[3]

---

[3] Insofern hat der Managementguru Tom Peters Recht, wenn er behauptet, nur erstklassige Unternehmen würden überleben. (Es fragt sich natürlich, wie lange.)

Prof. Dr. Achim Bachem

Achim Bachem studierte Mathematik und Physik an den Universitäten Köln und Bonn. Nach Promotion und Habilitation war er zunächst an den Universitäten Erlangen-Nürnberg und Bonn Professor, bis er 1983 als Direktor des Mathematischen Instituts den Lehrstuhl für Angewandte Mathematik der Universität zu Köln übernahm.

Seit 1996 ist Achim Bachem Vorstandsmitglied des Deutschen Zentrums für Luft- und Raumfahrt (DLR). Die DLR unterhält acht Standorte mit dreißig Forschungsinstituten und beschäftigt rund 4 500 Mitarbeiter. Deren Forschung hat die Schwerpunkte Luftfahrt, Raumfahrt, Verkehr und Energietechnik.

Sein Beitrag zu diesem Buch berichtet von den Erfahrungen, die der Autor mit dem Übergang von der Universität zur industrienahen Forschung gesammelt hat. Der Mathematiker außerhalb der Universität muss unter anderem lernen, dass es nicht darauf ankommt, ob seine Aussagen richtig sind, sondern einzig und allein darauf, dass der Empfänger seiner Nachricht diese in der gewünschten Weise versteht.
Auch muss sich der Mathematiker außerhalb des Lehrbetriebes mit Einflüssen zurechtfinden, wie sie beispielsweise aus der Politik oder aufgrund von Wirtschaftlichkeitsüberlegungen geltend gemacht werden.

Mathematik und industrienahe Forschung

Achim Bachem

Der Mathematiker bringt zwei Eigenschaften mit, die ihn, zumindest auf den ersten Blick, zum Manager nicht geeignet erscheinen lassen. Die erste Eigenschaft bezieht sich auf sein generelles kommunikatives Verhalten und die zweite Eigenschaft bezieht sich auf die Art und Weise, wie mathematische Erkenntnis erlangt wird, nämlich häufig im stillen Kämmerlein oder in einem sehr kleinen Kreise von Experten, die sich auf gleichem (hohem, abstrakten) Niveau bewegen. Doch es gibt auch Positives, und das überwiegt. An vorderster Stelle stehen hier das strukturierte Vorgehen und seine Art des Dienens. Und es gibt viele Gemeinsamkeiten zwischen Mathematiker und Manager. Zunehmende Bedeutung werden auch mathematische Modelle und Simulationen im Management erlangen.

Auf den Empfänger kommt es an

Gewissermaßen als das extreme Ende des Wissenschaftlers, ist der Mathematiker geneigt, jedes Mal penibel genau alles zu sagen, was er über sein Thema weiß bzw. unter welchen Voraussetzungen seine Aussage richtig ist. Wenn es darum geht, ein Problem einem Kunden gegenüber darzustellen, dann fängt er nicht damit an, was für ein tolles Ergebnis er erzielt hat, sondern er beginnt damit, von den Unzulänglichkeiten seiner Lösung zu berichten, von den Schwierigkeiten zu erzählen, warum das Problem eigentlich nicht zu lösen ist oder warum die Lösung, die er gefunden hat, nur teilweise umsetzbar ist oder welche anderweitigen Hindernisse auftauchen. Das will der Kunde aber gar nicht hören, weil es ihn natürlich beunruhigt und er es auch nicht wirklich versteht.
Kunden wollen nicht verunsichert werden, sondern erwarten mit Überzeugung vorgebrachte Statements wie: »Ja, das ist genau die Lösung, die Sie brauchen, das funktioniert, und wenn tatsächlich etwas Unerwartetes auftritt, dann haben wir die Kompetenz, auch damit fertig zu werden.« Häufig klappt es ja dann auch auf diese Weise.

Es tritt hierbei eine generelle Schwäche zutage: Viele Wissenschaftler, und da sind die Mathematiker auch wieder extrem, missachten häufig eine elementare Regel der Kommunikation. Der Mathematiker ist nicht so sehr daran interessiert, was der Zuhörer versteht („empfängt"): Sein

Hauptanliegen ist, nur Korrektes und Einwandfreies mitzuteilen (zu „senden"), so dass man ihm keinen Fehler nachweisen kann. Darauf kommt es im realen Leben aber nicht wirklich an, bestimmt nicht in Sitzungen und Managementmeetings. Es kommt einzig und allein darauf an, was ankommt.

Diese Fähigkeit, sein Gegenüber einzuschätzen, sich zu fragen, was hat er verstanden oder empfangen, ist meiner Meinung nach sehr wichtig. Kommt etwas in der gewünschten Weise beim Adressaten der eigenen Worte an? Drücken wir es in einer angemessenen Sprache aus?
Damit der Empfänger die Botschaft richtig versteht, muss man oft Formulierungen wählen, die im strengen Sinne des Mathematikers falsch sind. Das geht vielen Mathematikern gegen den Strich. Sie leiden unter grobschlächtigen Darstellungen, die sich auf das richtige Ankommen konzentrieren. Sie winden sich, wenn sie nur ein „buy-in" für ihre Ziele einwerben sollen.
Mathematiker leiden an einer fast mystischen Furcht, „trivial" zu erscheinen, also Dinge nicht in voller Komplexität darzustellen. Wenn also ein Mathematiker sich komfortabel „nicht-trivial" fühlt, sind die Empfänger seiner Botschaften oft schon hoffnungslos abgehängt. Wenn der Mathematiker „trivialisiert", wird er im besten Falle für zu komplex gehalten, oft aber auch nur für irrelevant. Unangenehm wird es dann, wenn diese Kommunikationsweise mit einem Signal der Geringschätzung einhergeht, was hier und da auch vorkommen soll.

Das ist, glaube ich, ein wichtiger Punkt, der viele Missverständnisse auch in den Diskussionen vermeiden hilft. Wie oft verfolge ich irgendwo ein Gespräch zwischen Zweien, die sich streiten, und ich stelle fest: beide sind derselben Meinung, aber der Sender hat noch nicht verstanden, auf der Frequenz des Empfängers zu senden und seine Botschaft entsprechend darzustellen.
Ich habe da selbst auch umlernen müssen. Wichtige Botschaften sind in einfachen und wenigen Sätzen so zu formulieren, dass der Zuhörer sofort auf die Kernbotschaft hingeleitet wird. Vor allem muss man den Zuhörer dort abholen, wo er herkommt, wo er sich zu Hause fühlt, wo er die Kernbotschaft einordnen kann.

Dieses muss man vor allem dort im Management beachten, wo Menschen mit sehr unterschiedlicher Erfahrung, Ausbildung oder Herkunft angesprochen werden. Und dazu hilft sehr, wenn man Kenntnisse auch außerhalb des eigenen Fachgebietes besitzt und nicht das eigene Arbeitsgebiet zum Maßstab aller Dinge macht. Ich habe mein eigenes Gebiet, die Angewandte, Diskrete Mathematik, nie wirklich überzeugt als den Nabel der Welt ansehen können, auch nicht in meinen Jahren als Hochschullehrer. Nicht nur die Wissenschaftler, wahrscheinlich jeder, der längere Zeit in einem abgegrenzten Gebiet gearbeitet hat – Theologen, Ärzte, Juristen, Politiker und eben auch Mathematiker – sie alle begeben sich in die große Gefahr, sich für die Wichtigsten von der Welt zu halten. Das ist ähnlich wie jemand, der noch nie im Ausland war und sein eigenes Land als den Maßstab aller Dinge betrachtet. Als Wissenschaftler im Management muss man hier aber sehr, sehr vorsichtig sein.

Hier bei der DLR ist ein ganzer Strauß von Wissenschaften vertreten, vor allem die Ingenieurwissenschaften in einer sehr breiten Palette. Gerade die Ingenieure sind in einer anderen Art des Denkens geübt und sie praktizieren es in einer Weise, die meine echte Hochachtung hat. Auch wenn ich glaube, es mit meinem Mathematikersein nie übertrieben zu haben, hat sich für mich dennoch die Rolle, die die Mathematik spielt, sehr relativiert gegenüber dem, was es in der Welt sonst noch gibt. Und diese Erfahrung ist meines Erachtens auch unheimlich wichtig, um gerade im Wissenschaftsmanagement nachher einigermaßen bestehen zu können. Denn da darf und kann man natürlich nicht die Vorzüge und Größen eines Gebietes über die des anderen stellen.

Sich auf andere verlassen

Es gibt aber noch einen zweiten Punkt, der es einem Mathematiker schwerer macht, im Management zu agieren als in anderen Bereichen, insbesondere wenn es sich um große Unternehmen handelt und die Position, die er bekleidet, hoch angesiedelt ist. Höhere Manager kommen in den Betrieb, sehen ein gewichtiges Problem – und dann müssen *andere Mitarbeiter* das Problem lösen.
In kleinen Unternehmen kann man Probleme vielleicht noch selbst lösen. Da sieht man das Problem ganz klar und hat die Lösung im Hinterkopf, greift zum Papier, Telefonhörer oder geht zu seinem Mitarbeiter und trägt die Lösung vor. Schwierig wird es aber, sobald man die Probleme nicht mehr selbst lösen kann, weil sie zu groß sind und auch, weil es dazu unterschiedlichen Wissens bedarf.
Schwierig für Mathematiker wird es auch, wo es eben nicht nur darauf ankommt, dass man die Lösung an sich gefunden hat, sondern wo man auch einen Weg finden muss, wie sich die Lösung umsetzen lässt. Wie kann man Strategie oder „Lösung" in Tun übersetzen? Wie bringt man andere zum Mitmachen? Wie werden Schwierigkeiten gemeistert oder

umschifft? Ohne wirklichen Durchdringungswillen gerät jede Problemlösung schon nach Tagen oder Wochen in Vergessenheit.

Mathematiker laufen zu Höchstleistungen auf, wo sie, auf sich selbst allein gestellt, alles von a bis z, was man zur Lösung des Problems braucht, selbst in der Hand haben. Sie arbeiten sehr gut, wenn sie autonom sein können. Hier nun aber bei der DLR kommen Sie in eine Atmosphäre, wo es genau umgekehrt ist, wo viele Leute benötigt werden und ein Weg oder eine Prozedur gefunden werden muss, damit Aufgabenstellungen gelöst werden, an denen viele beteiligt sind. Man kann noch so gute Ideen haben, wenn man nicht weiß, wie man diese Ideen in einem Unternehmen wie bei uns mit beispielsweise ca. 5000 Mitarbeiterinnen und Mitarbeiter skaliert und auf wen man sich dabei verlassen kann. Da ist man, vielleicht in anderen Wissenschaften, wo man gewöhnlich in größeren Teams arbeitet, besser darauf vorbereitet als in der Mathematik.

Es kommt hinzu, dass eine mathematische Lösung für die Ewigkeit gültig ist, während eine Lösung in einem Unternehmen ja immer die zeitliche Komponente enthält. Und damit ist eine gewisse Instabilität verbunden. Man muss lernen, dass die Zeit eine ganz wesentliche Rolle spielt – eine Entscheidung, die man heute trifft, kann bereits morgen obsolet sein. Jede Lösung hat ein Verfallsdatum, das man überdies oft nicht so genau kennt.

Die Ausbildung bringt Vorteile

Damit mir nun nicht unterstellt wird, auch ich würde das eingangs von mir kritisierte Verhalten an den Tag legen und die Nachteile des Mathematikers im Management in den Vordergrund stellen, will ich schnell zu den Vorteilen übergehen. Sie überwiegen meines Erachtens deutlich.

Für mich ist die Mathematik als Ausbildung zum Management eine der besten. Sie ist sicherlich nicht die einzige „beste", aber die Mathematik hat eben die großen Vorzüge, dass sich mit ihr komplexe Sachverhalte sehr schnell abstrakt analysieren lassen, und zwar in einer auch vorgegebenen Denkweise, die an der Universität erklärt und geschult wurde. Bei Kollegen, die aus anderen Disziplinen kommen, stelle ich immer wieder fest, dass sie komplett anders herangehen, manchmal eben wesentlich mehr objektbezogen.
Die Art, wie man sehr abstrakt Sachverhalte auseinander nimmt – das sehe ich immer wieder in den Diskussionen – hilft einem schneller zum

Durchbruch, als wenn man versucht, im Analogschluss zu relativ konkreten anderen Sachverhalten, die man aus seiner eigenen Erfahrungswelt hat, zu einer Lösung zu kommen.

Das alles trifft natürlich in ähnlicher Weise auch auf die Juristen zu. Auch der Jurist muss Sachverhalte sehr genau analysieren, muss sich damit auseinandersetzen, hat durch das tägliche Leben gelernt, sehr verschiedene Vorgänge zu beachten. Aber da habe ich eben die Erfahrung gemacht, dass der Jurist sehr stark das Risc-Avoiding-Syndrom hat, und auch sehr stark vom Denken beeinflusst wird, wie es von den Kategorien beispielsweise des Zivil- und des Strafrechts vorgegeben ist. Ein Jurist scheint sich also wesentlich stärker an vorgegebenen Bahnen zu orientieren und ist durch die Denkweise und Kultur in einem Land geprägt. Er geht oft wie in einer „Case-Study" vor, wie man im Management sagt. Juristen sagen, »das Oberlandesgericht hat in diesem Falle so und so entschieden« – das ist dann der „case" – und er wird auf die konkrete Situation übertragen. Oder »es ist herrschende Lehrmeinung« oder man fragt sich »wie würde das Bundesverfassungsgericht in dieser Situation entscheiden?«, oder »was haben sich die Väter des Grundgesetzes dabei gedacht?«. Darauf wird dann das Urteil aufgebaut.
Der Jurist ist zwar auch gefordert, Neues zu machen, zum Beispiel Gesetze, aber diese Gesetze sind auch wieder Anwendungen, indem eine politische Vorgabe in ein gewisses Gerüst umgesetzt oder in eine vorgegebene Struktur eingepasst werden muss. In den Naturwissenschaften hingegen oder in der Mathematik wird man geradezu aufgefordert, das Bestehende zu durchbrechen. Das sind globalisierte Wissenschaften, und man gelangt gerade dann zu Neuland, wenn man eben gängige Weisen, an Probleme heranzugehen, oder gängige Strukturen durchbricht. Und das ist natürlich auch etwas, was im Management ähnlich gilt. Auch dort will man ja aus gewissen Strukturen raus, wenn man restrukturiert oder wenn man neue Ideen hat. Da hilft die Mathematik ganz weitreichend.

Eine andere Art des Dienens

Der Mathematiker im Management weiß, dass er im Wesentlichen nichts weiß. Er hat im Großen und Ganzen ein Instrumentarium erlernt, um komplexe Sachverhalte in den Naturwissenschaften, in den Wirtschaftswissenschaften, in der Medizin, wo auch immer, zu lösen. Ich meine, der Mathematiker hat mit seiner Wissenschaft eine andere Art des Dienens gelernt als jemand, der es sich zur Aufgabe gemacht hat, direkt in einem für unsere Umwelt oder unser Leben wichtigen Bereich Resultate zu er-

erbringen. Es zahlt sich in gewisser Weise aus, dass der Mathematiker nicht konkret auf einen bestimmten Sachverhalt in der Unternehmensführung vorbereitet wurde. Er bringt deshalb eine andere und höhere Bereitschaft mit, sich in eine Sache hineinzuarbeiten, er unterliegt nicht ständig der Versuchung, Dinge aufgrund seiner Ausbildung immer wieder zu stark zu betonen oder aus stets dem gleichen Blickwinkel zu betrachten.
Wo der Mathematiker auch immer hingeht, er muss erst einmal die umständlichen konkreten Probleme kennen lernen, er muss aufnehmen und verarbeiten und zuhören, und diese Eigenschaft hat er viel und häufig gelernt. Das Zuhören ist nach meiner Überzeugung auch ein wichtiges Element der Kommunikation und gehört zu den Kerneigenschaften im Management.

Die Freiheit des Wissenschaftlers

In einem Bereich wie der Luft- und Raumfahrt, in dem ich hier arbeite, in dem Probleme vorkommen, die einen erheblichen Umfang und eine große Komplexität haben, wird natürlich das Gleiche gefordert wie in der Industrie. Ich muss sehen, dass ich eine Atmosphäre, ein Leitbild schaffe, nach dem sich alle diese 100 oder 200 Persönlichkeiten ausrichten, die an einem großen Projekt mitarbeiten.
Dabei handelt es sich um Wissenschaftler, die in einer ganz anderen Art frei sind als es etwa Industriearbeiter wären. Sie sind ganz speziell zu motivieren und zu engagieren, um sie in eine gemeinsame Richtung auf ein Projektziel zu bringen. Ich stelle immer wieder fest, dass das Vorgehen in der Industrie, mit einer erheblichen Standardisierung in der Produktionskette, völlig anderen Zielvorstellungen gehorcht als die stark auf Individualität gegründete Wertschöpfungskette in der reinen Forschung. Das zu verstehen, das zu verinnerlichen, insbesondere bei der unterschiedlichen Motivation der Mitarbeiter, und sie trotzdem in eine Richtung zu bringen, ist eine wichtige und spannende Aufgabe.

Dabei wollen wir natürlich auch kostengünstiger „produzieren", sage ich jetzt einmal, obwohl das für einen Wissenschaftler ein scheußliches Wort ist. Wir setzen uns ständig mit der Frage auseinander, gerade bei großen Projekten, wie wir was standardisieren können, welche Instrumente wir gemeinsam nutzen sollten, die dann nur einmal beschafft werden müssten. Was hindert uns daran, in unserer Wissenschaft standardisierte Produktionsmittel zu verwenden?
Der Wissenschaftler entgegnet aber, es muss alles individuell sein. »Wenn ihr mich einschränkt, dann bin ich nicht mehr genial, dann kann

ich nicht mehr frei denken.« Dazu jetzt genau eine Art Kompromissweg zu finden, der den Interessen beider Seiten gerecht wird, ist auch immer wieder eine schwierige Frage, die hier bei uns ständig mitschwingt.

Weitreichende Entscheidungen - Politik

Ein weiterer Aspekt kommt hinzu. Wir haben hier, vor allem aus der Raumfahrt kommend, zahlreiche Projekte, die üblicherweise länger als zwei Legislaturperioden einer Regierung dauern und auch länger als die Vertragslaufzeit eines Vorstandes. Da kommen dann auch völlig konträre Meinungen zum Vorschein. Das Projekt der Mission zum Kometen Wirtanen[1] ist vor mehr als zehn Jahren beschlossen worden. In 2003 startet erst die eigentliche Mission, und nach weiteren zehn Jahren, das ist dann in 2013, fängt man mit der eigentlichen Forschung an, wenn die Ergebnisse dieser Mission vorliegen und ausgewertet werden können. Bis jetzt ist alles Vorbereitung.
Daran sieht man, dass solch eine Mission fünfundzwanzig Jahre dauert; da kann man also nicht ´mal so, ´mal so steuern, dazu sind die Entscheidungen von einem viel zu großen Gewicht. Man muss dann zu getroffenen Vereinbarungen stehen, auch wenn damit eine Menge Risiken verbunden ist.
Die Vorstellung, eine möglicherweise falsche Entscheidung sei wesentlich besser als keine, teilt der Wissenschaftler nur selten. Er weiß nämlich – eine falsche Entscheidung oder Schlussfolgerung in seiner Arbeit kann sein ganzes Gebäude zum Einsturz bringen. Es wäre ganz absurd in der Mathematik, einen Satz hinzuschreiben, nur weil man etwas hinschreiben muss, auch wenn sich hinterher herausstellt, dass der Satz falsch ist.

Hier zeigt sich ein bestimmter Aspekt sehr deutlich, der in der eigentlichen Wissenschaft, wo es im engeren Sinne um das Finden von wissenschaftlichen Lösungen geht, keine Rolle spielt. Nämlich, dass es in der Umsetzung von wissenschaftlichen Forschungslinien nicht nur auf die Bedeutung der wissenschaftlichen Frage an sich oder auf die drängende Notwendigkeit ankommt, sie in einer Gesellschaft umzusetzen, sondern dass da eben auch sehr viel Politik und Wirtschaftsinteressen eine Rolle

[1] Zu den faszinierendsten Projekten bei der Erforschung des Weltalls gehört die europäische Kometen-Mission ROSETTA, in deren Rahmen eine Forschungssonde zu dem Kometen Wirtanen fliegt, ihn auf seiner Bahn begleitet und dabei erkunden wird. ROSETTA sollte im Januar 2003 mit einer Ariane 5-Rakete starten und den Kometen Wirtanen im November 2011 erreichen. Wegen eines Unfalls der Trägerrakete musste der Start jedoch verschoben werden. Ziel der Mission ist die eingehende Untersuchung des Kometen, die Aufschluss über die Entstehung des Universums geben kann.

spielen. Es sind zum Teil Fragestellungen, die der eigentlichen wissenschaftlichen Fragestellung überlagert sind, und insofern eine ganz andere Vorgehensweise erfordern. In kleineren Forschungseinheiten kann man sich schneller dahin begeben, wo man gerne möchte, während wir immer das Problem haben, uns international abstimmen zu müssen und auf einen Ausgleich der Interessen zu achten. Dadurch bewegen wir uns etwas langsamer, dafür aber mit etwas mehr Kraft und Ausdauer.

Häufig kommt es aber auch so, dass man einen relativ weiten Entscheidungsspielraum hat. Man hat Alternativen A, B und C, und für jede dieser Alternativen gibt es gute Argumente, die möglicherweise auch durch ein Modell unterstützt werden. Man weiß also einfach nicht, welche Alternative am besten zu wählen wäre. Keiner weiß es. Und in einer solchen Situation ist es für einen Wissenschaftler ungewohnt, sich eine auszusuchen. Deshalb ist es häufig ganz wesentlich in einem großen Unternehmen, die Mitarbeiter „trotzdem" von der eingeschlagenen Richtung zu überzeugen, selbst dann, wenn man diese Überzeugung nicht vollständig teilt. Das ist die politische Komponente bei unserer Tätigkeit, für einen Wissenschaftler nicht unbedingt die eigene.

Simulation und Modellierung

Als Mathematiker kommt man natürlich auf die Idee, das Risiko von Entscheidungen oder die Erfolgsaussichten eines Projektes durch Modellbildung oder durch Simulation abzuschätzen. Hier gibt es ja durchaus vielversprechende Ansätze. Ein Beispiel: Wir wollen eine Innovation einführen, ein neues Produkt entwickeln. Wir überlegen uns dann, wie wir es hinbekommen, das Potential für diese mögliche Innovation abzuschätzen. Dazu haben wir ein erstes Instrument entwickelt, wir nennen es Innoguide, mit dem wir versuchen, Rechner gestützt intelligente Fragen zu stellen, wobei die Antworten auf diese Fragen in ein Simulationsmodell eingesetzt werden, das uns nachher einen Vorschlag liefert, ob das ein Produkt werden kann oder nicht.

Dieses Modell bietet einen ersten Ansatz, der sehr gut ist, um zum einen die richtigen Fragen zu stellen, zum anderen die Komplexität einer Innovation, die man nicht mehr im Kopf haben kann, so Modell gestützt da zu haben, dass man Wenn-dann-Fragen in einer hohen Komplexität vernünftig stellen kann.

Ich bin davon überzeugt, dass wir im Management sehr viel aus der Mathematik übernehmen können und wohl auch müssen. Das gilt nicht nur

im Bereich der Simulation und Modellbildung – wir sollten auch die Spieltheorie oder die diskrete Mathematik stärker nutzen.
Das, was wir im Augenblick noch im Management sehr bauchgetrieben machen müssen, wird mit Hilfe mathematischer Modelle und anderer mathematischen Instrumente besser gehandhabt werden können. Ich denke da zum Beispiel an die Wettervorhersage, die in der Klimaforschung in den dreißiger Jahren mit wenigen Parametern angefangen hat und die heute in den Klimamodellen weltweit mit Millionen und Abermillionen von Parametern rechnet. Da ist man ja auch gerade in einem Stadium, wo man glaubt, das Wetter etwas besser erfassen zu können als bisher. Das geht ja noch lange weiter.
Wenn man diese Entwicklung auf andere Bereiche überträgt, etwa ins Management, in dem wir uns noch im Stadium der Bauernregeln aufhalten, dann bin ich überzeugt, dass man sehr viel bessere Ergebnisse erzielen wird als heutzutage. Das ist für mich keine prinzipielle Frage, sondern einfach nur eine Frage der Zeit.

Aufeinander zugehen

Dazu ist allerdings zweierlei Veränderung notwendig. Der Mathematiker ist an Dingen interessiert, die er sauber und rein machen kann; ihn interessiert „schöne" Mathematik. Sauber und rein heißt, alle Voraussetzungen, die wegen ihrer Komplexität derzeit nicht bearbeitbar sind, werden ignoriert, so dass das, was übrigbleibt, den bekannten Strukturen möglichst nahe kommt.
Diese Art Mathematik hatte einige Zeit in der Ökonometrie Konjunktur. Da hat man hervorragende Leistungen vollbracht, aber man hat auch „nur Sätze" formuliert und in den Sätzen kommen zwar Begriffe vor, die typische wirtschaftswissenschaftliche Begriffe sind, aber es sind rein mathematische Sätze. Für mich sind das keine Erkenntnisse, die wirtschaftswissenschaftliche Qualität haben, sondern es waren spannende und hochkarätige mathematische Sätze, formuliert in wirtschaftswissenschaftlicher Terminologie. Es wurden dabei einfach zu wenige Einflussparameter berücksichtigt, das ceteris paribus spielte eine zu wichtige Rolle. Wir brauchen eine Wirtschaftsmathematik, die tatsächlich versucht, Probleme zu lösen.

Bezogen hier auf unser Unternehmen – gerade auch bei unseren Ingenieurwissenschaften – brauchen wir Mathematiker, die Modelle entwickeln, die Probleme lösen und dabei genau wissen, dass eine Reihe von Unzulänglichkeiten akzeptiert werden müssen. Herangehensweise und Anspruch sind hier andere. Mathematische Regeln werden von Physikern angewandt, ohne dass dabei so genau auf die Voraussetzungen geachtet wird, unter denen diese Regeln gelten. Die Leute, die bei uns diese Modelle entwickeln, sind Ingenieure mit einem sehr guten mathematischen Wissen – nicht umgekehrt. Es war ja viele Jahre gerade bei den Mathematikern ein mit Geringschätzung belegtes Schlagwort: interdisziplinär. Aber ich sehe heute, dass wir einen Typ von Wissenschaftler brauchen, der einen etwas weiteren Horizont hat als nur von einer universitären Fachrichtung vermittelt.

Um das zu erreichen brauchen wir aber eine andere Kultur oder andere Kriterien für den Erfolg eines Wissenschaftlers. Wir messen den Erfolg von Wissenschaftlern an den Universitäten, insbesondere in der Mathematik, immer noch an den gleichen Kriterien wie vor zwanzig, oder vierzig oder zweihundert Jahren, nämlich an der Zahl der Veröffentlichungen in renommierten Zeitschriften.
Es zeigt sich aber, wie beschränkt dieses Kriterium ist, wie stark es auch einen Wissenschaftler einengt, solche Resultate zu produzieren, die tatsächlich in den eingängigen Journalen akzeptiert werden, nicht aber solche Resultate zu finden, die für unser Geschäft, das ja mit einem gesellschaftlichen Auftrag verbunden ist, von Bedeutung sind.
Wir haben hier eine Reihe von hervorragenden Mitarbeitern, die tolle Sachen machen und in der Praxis auch umsetzen, die aber immer wieder sagen, »wir haben das Problem, wir wollen promovieren oder uns vielleicht irgendwann einmal habilitieren oder für eine Professur qualifizieren. Das schaffen wir aber nur über Veröffentlichungen.« Ein Wissenschaftler, der über zehn Jahre zusammen mit zwanzig anderen, internationalen Projektgruppen ein großes Projekt (wie zum Beispiel die Rosetta-Mission zum Kometen Wirtanen) führt, leistet enormes, ohne darüber in Fachjournalen berichten zu können. Es fehlen uns oft die Kategorien, mit denen wir beispielsweise solche Leistungen für eine Wissenschaftskarriere anerkannt messen und dokumentieren können.

Dr. Hermann Schunck

Hermann Schunck ist als Ministerialdirektor im Bundesministerium für Bildung und Forschung verantwortlich für Grundlagenforschung, vor allem im Bereich der Physik, sowie für Verkehrsforschung und Raumfahrt. Er ist Vorsitzender der Aufsichtsräte der Forschungszentren Jülich und Karlsruhe sowie des Verwaltungsrates des Deutschen Elektronen-Synchrotrons (DESY).

Dr. Schunck studierte Mathematik, Physik und Wirtschaftswissenschaften an den Universitäten Freiburg, Kiel und Ann Arbor. Nach der Promotion 1966 mit einer gruppentheoretischen Arbeit (daraus folgen die sogenannten Schunck-Gruppen) verbrachte Schunck einige Jahre mit der Anwendung von Mathematik in Sozial- und Verwaltungswissenschaften. Seit 1973 ist er Mitarbeiter im Bundesministerium für Bildung und Forschung.

In seinem Beitrag stellt Dr. Schunck die historische Rolle der Mathematik im interdisziplinären Zusammenspiel und als Dienerin der Herrschenden heraus. Mit ihrem Instrumentarium bietet sie Möglichkeiten, Probleme durch Modellierung zu analysieren und Lösungsoptionen zu entwickeln, mit denen sich die Politik dann auseinandersetzen muss. Allerdings komme es dabei entscheidend darauf an, frühzeitig die Befindlichkeiten der Politik mit einzubeziehen, sonst blieben solche Modellierungsversuche wirkungslos. Beachte man dies, kann die Anwendung von Mathematik und ganz allgemein mathematisch geschulten Denkens wichtige Beiträge zum Umgang mit komplexen Problemen mit politisch weitreichenden Konsequenzen leisten. Bislang sei die Mathematik noch kein klassischer Partner der politischen Verwaltung, doch »die Chancen für eine fruchtbare Wechselwirkung steigen«.

Mathematik in der Politischen Verwaltung

Hermann Schunck

Mathematik im Dienste von Herrschaft

In modernen Industriestaaten mit erheblichen wohlfahrtsstaatlichen Komponenten entwickelt sich mit fast gesetzmäßiger Periodizität eine Finanzierungslücke öffentlicher Sozialsysteme. Die Ansprüche breiter Bevölkerungsschichten an Versorgung, Vorsorge und Übernahme privater wie allgemeiner Lebensrisiken durch die Gemeinschaft wachsen offenbar schneller als die Finanzierungsmöglichkeiten der Sozialsysteme und die Finanzierungsbereitschaft durch die Gemeinschaft. In den meisten Ländern Westeuropas hat zudem die Parteiendemokratie Schwierigkeiten, mit dieser Lücke von Anspruch und Leistungsmöglichkeit umzugehen. Sind doch die Parteien in Wahlen periodisch auf Zustimmung eben der Leistungsempfänger angewiesen, deren Anspruchshaltung sie folgerichtig eher verstärken als dämpfen. Langfristig wird das beschriebene Problem im Übrigen durch die demographische Struktur unserer Gesellschaft dramatisch verschärft.

Die Unfähigkeit des Wohlfahrtsstaates, mit diesen Problemen umzugehen, führte in den siebziger Jahren zu der Prognose des Verlustes von „Massenloyalität" und einer krisenhaften, ja revolutionären Zuspitzung des politischen Systems. Zwar ist diese Prognose bislang nicht eingetreten – sie ist wohl nur eine Variante der alten marxistischen Verelendungstheorie – die überhöhten Leistungserwartungen an die öffentlichen Versorgungssysteme stellen Politik und Verwaltung jedoch unvermindert vor schwer lösbare Probleme.

Mathematik und ihr verwandte Wissenschaften haben seit ihrer Entstehung in der Frühzeit menschlicher Zivilisationen zur Legitimierung von Herrschaft und zur Mehrung von Wohlstand und damit der Erzeugung von Massenloyalität beigetragen. Das mag eine überraschende Feststellung sein angesichts der Entwicklung, die die Mathematik im Verständnis der Mehrzahl ihrer Vertreter genommen hat. Aber hat nicht auch die Vorhersage astronomischer Ereignisse – unzweifelhaft eine der Wurzeln der Mathematik – und ihre metaphysische Deutung zur Legitimierung von Herrschaft beigetragen? Erinnern wir uns, auch Johannes Kepler war nicht nur einer der Begründer der modernen Naturwissenschaft, sondern auch Hofastrologe. So war Mathematik bis zur Aufklärung mehr als nur eine Rechenlehre, sondern auch eine übersinnliche Kunst im Dienst von Herrschaft.

Die Notwendigkeit der Landvermessung nach periodischen Überschwemmungen an den großen Stromsystemen in den Kerngebieten früher Zivilisation hat sicher zur Entwicklung der Geometrie ebenso beigetragen wie die eng damit verbundenen Lagerhaltung von Waren zur Entwicklung einer elementaren Arithmetik. Beides ermöglichte eine Sicherung der Grundbedürfnisse der Bevölkerung und trug zu einer Festigung der Massenloyalität im modernen Sinne bei.

Verständnisgetrieben und anwendungsorientiert

Ich will mit diesen kurzen Andeutungen nur zeigen, dass Mathematik nicht im Elfenbeinturm entstanden ist, sondern immer auch in einer Wechselbeziehung zu Staat und Gesellschaft gestanden hat. Keineswegs will ich damit einer platten Anwendungsorientierung von Mathematik das Wort reden. Gute Mathematik gehorcht ihren eigenen Gesetzen auf der Grundlage wissenschaftlicher Neugierde, auch wenn es natürlich Wechselbeziehungen mit ihren Anwendungsfeldern in beiden Richtungen gibt. Im Übrigen ist die Unterscheidung zwischen reinen und angewandten Wissenschaften ohnehin eher künstlich.

Vielleicht sollte man die Unterscheidung nutzen, die der amerikanische Politologe Don Stokes vorgeschlagen hat. Er konstruiert aus den zwei Dimensionen „Quest for fundamental understanding (Yes, No)" und „Considerations of use (Yes, No)" eine 4-Felder-Tafel mit den Kategorien „Pure basic research", „Use inspired basic research" und „Pure applied research", die er dann mit den Forscher-Namen Bohr, Pasteur und Edison belegt. So wird der vielfach künstliche Gegensatz von reiner und angewandter Wissenschaft durch Einführung der Kategorie „Verständnisgetrieben und Anwendungsorientiert" aufgehoben.

Quadrant Model of Scientific Research (Pasteur-Feld)

Research is inspired by:

		Considerations of use? No	Considerations of use? Yes
Quest for fundamental understanding?	Yes	Pure basic research (Bohr)	Use-inspired basic research (Pasteur)
	No		Pure applied research (Edison)

Mein persönlicher Eindruck ist, dass mehr und mehr Mathematiker sich in diesem Pasteur-Feld (Graphik) durchaus wohlfühlen. In diese Richtung zielt auch ein in den neunziger Jahren begonnenes Förderprogramm des BMBF „Neue Mathematik in Industrie und Dienstleistung".

Eine – begrenzte – Analogie zu Politik und Verwaltung

Zusammen mit der weiter wachsenden Leistungsfähigkeit der Computertechnologie und des wissenschaftlichen Rechnens ermöglicht Mathematik den Umgang mit komplexen Problemen aus den verschiedensten Gebieten. Die Abbildung wesentlicher Parameter eines Problems und seiner Funktionszusammenhänge in ein Modell erlaubt die Suche nach Lösungen, die bei korrekter Modellbildung Entsprechungen in der realen Problemwelt haben. Die Formalisierung einer komplexen Fragestellung ermöglicht es, unterschiedliche Strategien und ihre Risiken miteinander zu vergleichen. Und hier bietet sich eine Analogie zu Politik und Verwaltung an: Auch Politik sucht nach Lösungen komplexer Probleme, häufig dazu in einer Situation von Unsicherheit, wie eingangs beispielhaft angedeutet ist. Mathematisches Denken kann dazu beitragen, Zusammenhänge wichtiger Parameter und Randbedingungen auch im politischen Raum zu verstehen, Strategien durch Reduktion von Komplexität zu entwickeln und umzusetzen.

Allerdings gibt es eine offensichtliche Grenze dieser Analogie. Politische Probleme sind in der Regel konfliktgeladen, politisches Handeln ist immer auch interessen- und wertorientiert. Wer dies übersieht, endet mit seinen Überlegungen schnell in einer Sackgasse. Ein Projekt zur Verkehrsinfrastuktur der Stadt Berlin, durchgeführt vom Konrad-Zuse-Zentrum für Informationstechnik Berlin, macht das deutlich. Obwohl hier eine Lösung erarbeitet wurde, die zu einer Kostenersparnis in deutlich dreistelligem Millionenbereich führen kann, waren die Verantwortlichen in der Politik nicht bereit, eine solche Einsparmöglichkeit aufzugreifen. Denn diese Einsparungen werden – wie vielfach auch im privaten Bereich – vor allem über einen effizienteren Personaleinsatz und damit über eine im öffentlichen Bereich offenbar nur schwer durchsetzbare Strategie erreicht.
Es bleibt genuine Aufgabe der Politik, in konfliktreichen Situationen nicht nur plausible Lösungen zu entwickeln, sondern für deren Durchsetzung die notwendige Unterstützung zu organisieren und Mehrheiten auch angesichts unterschiedlicher und im Konflikt miteinander stehender Interessen zu suchen. Dies gilt sowohl im nationalen wie auch im internationalen Rahmen.

Globales Klimageschehen

Einen Schritt in diese Richtung geht ein energiepolitisches Model, IKARUS, das im Auftrag des Bundesforschungsministeriums von dem Forschungszentrum Jülich (FZJ) unter Mitwirkung einer Reihe weiterer Forschungsgruppen entwickelt worden ist. IKARUS ist ein umfassendes Instrumentarium, mit dem u. a. unterschiedliche Strategien zur Reduktion von Treibhausgasen analysiert und bewertet werden können. Es stellt damit für die Bundesrepublik eine handlungsorientierte Ergänzung der Modellierung globaler Szenarien dar. Es dient dazu die komplexen Zusammenhänge zwischen Energietechnik, Wirtschaft und Umwelt zu erkennen und die Konsequenzen von Entscheidungen zu verdeutlichen. I-KARUS enthält zunächst eine umfangreiche Datenbank mit technischen und ökonomischen Daten als Informationsgrundlage für verschiedene Computermodelle. Kern ist ein lineares Optimierungsmodell, das für eine vorgegebene energiepolitische Strategie (bzw. für Reduktionsvorgaben) eine kostenoptimale Kombination von Energietechniken ermittelt. Die volkswirtschaftliche Einbettung wird durch ein Input–Output-Modell geleistet. Für die drei energiepolitisch wichtigen Bereiche Industrie, Verkehr und Raumwärme enthält IKARUS Teilmodelle.

Von üblichen Energieprognosen oder –szenarien unterscheidet sich IKARUS nicht nur durch die Breite des Ansatzes, sondern vor allem seinen experimentellen Charakter. IKARUS ist in einer PC-fähigen Version allgemein zugänglich und frei nutzbar. Es kann zum Vergleich und zur Interpretation unterschiedlicher zukünftiger Energiestrategien durch verschiedene energiepolitische Interessenten und Akteure dienen. Tatsächlich ist es vom Bundesumweltministerium in einem Forschungsvorhaben „Politikszenarien für den Klimaschutz" angewandt worden. Es kann darüber hinaus zukünftig mit einem Teilmodell auch für die Internationale Verifikation von Vereinbarungen zum Klimaschutz eingesetzt werden.

Klimaprognosen, wie sie weltweit vom Intergovernmental Panel on Climate Change (IPCC) in einem aufwendigen Prozess periodisch zusammengestellt und mit ihren Folgen bewertet werden, beruhen in der Regel auf außerordentlich komplexen Simulationen des Klimageschehens, im Kern durch gekoppelte Systeme nichtlinearer partieller Differentialgleichungen.

Die Ergebnisse der IPCC-Arbeiten gaben den Anstoß zum internationalen Klimaschutzabkommen, dem Kyoto-Protokoll (1997), für das nach langwierigen Verhandlungen nunmehr der Weg zur Ratifizierung frei ist. Dies ist bisher das prominenteste Beispiel für den Versuch der internationalen Staatengemeinschaft, zu gemeinsamen Handeln auf der Grundlage von Erkenntnissen mathematischer Modellierungen gelangen.

Voraussetzung: Korrekte Modellbildung

Die bislang skizzierten Beispiele enthalten jeweils im Kern ein durchaus anspruchsvolles, ja teilweise ausgesprochen schwieriges mathematisches Modell. Dies ist nun allerdings keineswegs ein alleiniges Kriterium für die Angemessenheit des Modells als Lösungshilfe für ein reales Problem. Wichtig ist vor allem eine korrekte Modellbildung, d. h. eine Identifizierung der entscheidenden Modellparameter, ihrer Funktionszusammenhänge und ihre Wiedergabe in dem Modell. Ausschlaggebend ist darüber hinaus, ob für die Modellbildung tatsächlich reale Daten zur Verfügung stehen, mit denen ein solches Modell dann durchgerechnet werden kann. Dies ist jedoch nicht ohne weiteres zu erwarten.

Als Beispiel hierfür soll abschließend ein Modell vorgestellt werden, dessen mathematischer Kern eher einfach ist, bei dem die Datenbeschaffung

und -aufbereitung, die letztlich aber über die praktische Brauchbarkeit des Modells entscheiden, hingegen schwierig sind.
Im BMBF wird seit Jahren ein von der GMD-Forschungszentrum Informationstechnik GmbH (jetzt FhG) entwickeltes Modell BAFPLAN zur Abschätzung des Finanzbedarfs der BAföG-Förderung benutzt. Es handelt sich um ein (statisches) Mikrosimulationsmodell. Die wesentlichen gesetzlichen Bestimmungen des BAföG sind in einem Programmpaket abgebildet und werden auf eine Stichprobe von institutionell Förderberechtigten (d. h. von Auszubildenden, denen nach dem BAföG dem Grunde nach ein Förderanspruch zusteht) angewandt.
Bei guter Datenlage ist dies eine verhältnismäßig gut überschaubare Aufgabe. Über lange Jahre gewonnene Erfahrungen zeigen, dass das BAFPLAN-Modell für die Förderpolitik des Bundes und den Verwaltungsvollzug eine wichtige Stütze bildet. Es wird vor allem zur Kostenschätzung von Gesetzesänderungen und der Projektion des jährlichen Finanzbedarfs eingesetzt.

Mikromodelle wie BAFPLAN sind in weiten Politikbereichen anwendbar, in denen Transferzahlungen von oder an einzelne Berechtigte geleistet werden, also neben der Ausbildungsförderung etwa bei der Lohn- und Einkommensteuer oder Sozialleistungen wie Rente, Wohngeld etc.

Bei der Konstruktion eines solchen Mikromodells gibt es häufig das Problem, dass eine Grundgesamtheit, aus der eine Stichprobe gezogen werden könnte, aus datenschutzrechtlichen Gründen nicht zugänglich ist oder grundsätzlich mit den notwendigen Merkmalen (noch) nicht existiert, etwa bei Einführung eines neuen Förder- oder Belastungstatbestandes. Dann muss aus einer Hilfsgrundgesamtheit mit umfangreichen statistischen Manipulationen eine „Stichprobe" konstruiert werden, die allen notwendigen Randbedingungen genügt. Ähnliche Probleme treten in Modellen wie BAFPLAN auch bei der jährlichen Datenanpassung auf, da normalerweise eine vollständige Neuerhebung nur im Rhythmus von einigen Jahren durchgeführt wird.

Für die Mathematiker mag die Identifizierung eines formalisierbaren und quantifizierbaren Problems in einer komplexen Fragestellung als das wichtigste Problem erscheinen. Das letzte Beispiel zeigt aber besonders deutlich, dass schließlich die Informationsgrundlage der Fragestellung, die Verfügbarkeit von Daten, über Erfolg und Misserfolg entscheidet.

Schluss

Mathematik begegnet uns im Umfeld der politischen Verwaltung immer im Kleid einer anwendungsbezogenen Wissenschaft. Mit ihrem Instrumentarium bietet Mathematik im interdisziplinären Zusammenspiel Möglichkeiten, Probleme durch Modellierung zu analysieren und Lösungsoptionen zu entwickeln, mit denen sich die Politik dann auseinandersetzen muss. Ohne die frühzeitige Einbeziehung einer Schnittstelle zur Politik werden solche Modellierungsversuche allerdings wirkungslos bleiben. Beachtet man dies, kann die Anwendung von Mathematik und ganz allgemein mathematisch geschulten Denkens wichtige Beiträge zum Umgang mit komplexen Problemen mit politisch weitreichenden Konsequenzen leisten.

Bislang ist die Mathematik noch kein klassischer Partner der politischen Verwaltung, doch die Chancen für eine fruchtbare Wechselwirkung steigen.

Literatur

W.-D. Narr, C. Offe: Wohlfahrtsstaat und Massenloyalität, Köln 1975

D. E. Stokes: Pasteur's Quadrant, Basic Science and Technological Innovation, Washington 1997

K.-H. Hoffmann u. a. (Hrsg.): Mathematik, Schlüsseltechnologie für die Zukunft, Verbundprojekte zwischen Universität und Industrie, Berlin 1997

W. Jäger, H.-J. Krebs: Mathematics - Key Technologies for the Future, Berlin 2003

Wissenschaftlicher Beirat der Bundesregierung: Globale Umweltveränderungen (Hrsg.), Welt im Wandel: Strategien zur Bewältigung globaler Umweltrisiken, Jahresgutachten 1998, Berlin 1999.

R. Borndörfer, M. Grötschel, A. Löbel: Optimization of Transportation Systems, in: ACTA Forum Engelberg 1998

G. Stein, H.-F. Wagner (Hrsg.): Das IKARUS-Projekt: Klimaschutz in Deutschland, Strategien für 2000 – 2020, Berlin Heidelberg 1999

G. Orcutt, J. Merz, H. Quinke (Hrsg.): Microanalytical Simulationsmodels to Support Social and Financial Policy, Amsterdam 1986

Kommission zur Verbesserung der informationellen Infrastruktur zwischen Wissenschaft und Politik (Hrsg.): Wege zu einer besseren informationellen Infrastruktur, Baden-Baden 2001

Bärbel Höhn

Bärbel Höhn studierte Mathematik und Volkswirtschaft an der Universität Kiel mit Abschluss als Diplom-Mathematikerin. Seit 1978 lebt sie mit ihrer Familie im Ruhrgebiet. Von 1978 bis 1990 arbeitete sie als wissenschaftliche Mitarbeiterin am Hochschulrechenzentrum der Universität Gesamthochschule Duisburg. Seit 1981 hat sie sich aktiv in der Bürgerinitiative „Stadtelternrat Oberhausener Kindergärten", später im Frauenforum und in der „Bürgerinitiative gegen Giftmüllverbrennung" engagiert. Seit 1985 ist sie Mitglied der Partei „DIE GRÜNEN", von 1985 bis 1989 war sie Mitglied im Rat der Stadt Oberhausen. Als Spitzenkandidatin zur Landtagswahl ist sie 1990 in den Landtag von Nordrhein-Westfalen eingezogen und war von 1990 bis 1995 Fraktionssprecherin von Bündnis'90/Die Grünen im Landtag. Von 1991 bis 1997 war sie Mitglied im Länderrat der Grünen, seit 1999 ist sie Mitglied im Parteirat *auf Bundesebene.*

Von 1995 bis 2000 war Bärbel Höhn Ministerin für Umwelt, Raumordnung und Landwirtschaft und seit 2000 ist sie Ministerin für Umwelt und Naturschutz, Landwirtschaft und Verbraucherschutz des Landes Nordrhein-Westfalen.

In ihrem Beitrag vertritt Bärbel Höhn ein Politikverständnis, das sich an klaren politischen Leitlinien orientiert und nicht durch Einzelfallentscheidungen geprägt ist, die sich irgendwann zwangsläufig widersprechenden. Besonders wichtig ist diese Sicht- und Herangehensweise in der Umweltpolitik, weil es sich hier um Prozesse mit langer Laufzeit und enormer Tragweite handelt.

Leitbild Nachhaltigkeit

Bärbel Höhn

Mathematik ist eine Grundlagenwissenschaft. Im Studium lernt man, stringent an einem Problem bis zur Lösung zu arbeiten, sich die Voraussetzungen zu verdeutlichen, logisch zu denken, zu verallgemeinern, die Abstraktion ebenso wie die Konkretisierung. Außerdem lernt man Beharrlichkeit und die Fähigkeit, nicht aufzugeben, auch wenn es richtig schwierig wird. Das ist ein gutes Handwerkszeug, das man auch auf andere Bereiche übertragen kann. Im übrigen ist es immer hilfreich, ein Verständnis für Zahlen zu haben, gut in Strukturen denken zu können und beides miteinander verbinden zu können. Diese bestimmte Art und Weise, Probleme zu lösen, kann man auch in der Politik erfolgreich einsetzen. Mathematisches Denken ist hilfreich in der Politik, aber offensichtlich weder notwendig noch hinreichend. Sonst hätten wir dort mehr Mathematiker.

Grundsatz- oder Einzelfallentscheidung – wie geht das zusammen?

Politiker brauchen Leitbilder, Grundsätze, Werte, die ihre Arbeit bestimmen. In den Grundsatzprogrammen der Parteien sind diese Werte festgeschrieben worden. Die allgemeine Ausrichtung bestimmt auch die Positionierung, die politische Richtung der einzelnen Parteimitglieder. In Wahlprogrammen für den Bundestag, den Landtag oder den Gemeinderat werden diese Werte konkretisiert. Nach dem Inhalt dieser Programme, nach dem Auftreten und der Beurteilung bekannter Mitglieder der Parteien vergeben die Bürgerinnen und Bürger ihre Stimme.
Schon hier scheiden sich die Geister. In Deutschland haben wir eine stark auf die Parteien ausgerichtete Demokratie, in anderen Ländern – wie den USA – stärker auf die Person. In Deutschland bestimmen die Parteien die Kandidaten. Eine Einzelperson hat nur eine Chance auf kommunaler Ebene oder in Stadtstaaten. Parteiprogramme haben den Vorteil, dass sie deutlich und klar sagen, was die Partei will, und es nach der Wahl nachprüfbar ist, ob die Partei sich daran gehalten hat.

In der täglichen Politik, zumindest auf kommunaler und Landesebene, sind es aber viele Einzelfälle, die entschieden werden müssen. Da kommen Bürgerinnen und Bürger, Vertreter von Gemeinden, der Wirtschaft,

Verbänden und auch Parteifreunde. Das sind in der Regel alles Menschen, die klare, oft berechtigte Interessen haben für ihre Sache, die manchmal sehr offen als Lobbyisten auftreten, oder andere, die es geschickter machen. Einer Ministerin wird da oft das Gefühl gegeben: wer, wenn nicht sie, könne entscheiden. Vor allem hört sich die Sache zunächst immer sehr logisch und gut an. Die Presse steht gleich daneben und notiert, ob man den Menschen konkret, unbürokratisch und sofort geholfen hat.

Hier einen klaren Kurs zu halten, vergleichbare und gerechte Entscheidungen zu fällen, ist nicht immer einfach. Da gibt es so manche Mitarbeiter, die nach auswärtigen Besuchen der Minister ganz erschrocken fragen: »Was hat er da wieder versprochen?«

In solchen Situationen sollte man der Verführung widerstehen, spontan Zusagen zu machen. Wichtig ist es, alle Seiten zu beleuchten, auch die Gegenargumente zu hören, bevor man entscheidet und die übergeordneten Werte und Grundsätze im Kopf zu haben. Die Politik der Einzelfallentscheidung führt nämlich schnell zu Riesenproblemen. Dem Nächsten kann man seine Bitte gar nicht mehr abschlagen. Er wird auch sehr schnell Beispiele präsentieren, wo es in ähnlichen Fällen schon positive Voten gegeben hat. Am Ende ist das ein Herrschertum alten Stils, ein Patriarch, der Gnade vor Recht ergehen lässt. Eine Linie ist nicht mehr erkennbar, die Ausnahme wird zur Regel.

Ich halte mehr von klaren Strukturen, von nachvollziehbaren Kriterien, die die Entscheidungen bestimmen.
Wer vorwiegend nach Einzelfällen entscheidet, der wird letztendlich den stärksten Lobbyvertretern nachgeben, denen, die den größten Druck machen.
Eine klare Struktur ist noch aus einem anderen Grund wichtig. Entspricht unser Handeln dem, was wir vorher versprochen haben, unserem Wählerauftrag? Es ist sehr wichtig, sich dem Wähler gegenüber berechenbar, zuverlässig und fair zu verhalten. Das ist langfristig besser – für die Wählerinnen und Wähler und für die Politik.

Allerdings darf man sich nicht auf die Grundsätze allein beschränken! Natürlich kommt es auch auf die Umsetzung an. Die Grundsätze müssen sich am Ende in der Praxis beweisen und aus den praktischen Erfahrungen müssen die Grundsätze weiterentwickelt werden.

Konstruktive Bedenkenträger

Aller Gestaltungswille würde aber nichts nützen, wenn es nicht gelänge, die Mitarbeiter des Geschäftsbereiches für die Sache zu gewinnen. Wenn man mit neuen Ideen in ein Ministerium kommt, dann gibt es natürlich viele Mitarbeiter, die die bisher herrschende Meinung überzeugend vertreten und sie für die einzig richtige halten. Die herrsche Meinung ist dann die der Fachleute, die neue die der Politiker. Die bestehende Meinung ist per se die richtige, für eine neue Meinung muss man erst einmal sehr überzeugende Argumente vorbringen. Ich habe dieses Problem dadurch gelöst, dass ich selbst kreative, sehr gute Fachleute und insbesondere auch gute Juristen mitgebracht habe. Damit entstand eine Diskussion unter den Fachleuten.

Als ich 1995 Ministerin wurde, war meine Zielsetzung in einigen Punkten 180 Grad abweichend von dem, was bisher vertreten wurde. Das galt sowohl für die noch geplanten sieben Müllverbrennungsanlagen, denen ich ein Konzept der Vermeidung entgegensetzte, als auch für den Braunkohlentagebau Garzweiler II.

Ein solch radikaler Politikwechsel ist ausgesprochen schwierig. Notwendig für das Gelingen ist, dass diese neuen Ansichten auch auf der Sachebene und in der juristischen Debatte auf ein sicheres Fundament gestellt werden können. Hinreichend ist auch das noch nicht.

Ein Ministerium ist ein sehr stabiles System. Die Menschen, die in diesem System arbeiten und es maßgeblich bestimmen, bleiben ja bei einem politischen Wechsel an der Spitze in ihren Funktionen. Als ich das Ministeramt übernahm, arbeiteten dort und im nachgeordneten Bereich 7.500 Mitarbeiter, von denen ich ganze fünf selbst mitbringen durfte.

Das vorhandene Personal hat in der Vergangenheit für die Entscheidungen die Begründungen geliefert. Es ist völlig natürlich und menschlich verständlich, dass Menschen Entscheidungen, die sie in der Vergangenheit oft auch aktiv mitgetragen haben, auch weiterhin für vernünftig halten. Es ist klar, dass sie frühere Entscheidungen gegen Neues verteidigen und gegen das Neue Bedenken vortragen. Wenn also Änderungen herbeigeführt werden sollen, ist man unabwendbar mit einer starken Macht des Bestehenden konfrontiert! Jedes Argument, das damals die getroffene Entscheidung billigen half, wird wieder aufgelistet.
Ich glaube nicht, dass man langfristig mit einem autoritären Stil erfolgreich sein kann, nach dem Motto: »Das wird jetzt anders gemacht und

basta!« Man braucht viel Zeit und Mühe, um andere zu überzeugen und „mitzunehmen".

Auf der anderen Seite ist es aber auch sehr wichtig, sich mit der bestehenden Meinung auseinanderzusetzen. Denn das zwingt dazu, die eigene Position zu überdenken oder zu untermauern und die eigene Meinung auf eine stabilere Basis zu stellen.
Es ist deshalb auch wichtig, Bedenkenträger zu haben. Wenn man in einem Ministerium Entscheidungen treffen muss – das muss eine Ministerin ja jeden Tag in großer Zahl – dann ist es notwendig, die Hauptbedenken gegen diese Entscheidungen zu kennen, sie entweder entkräften zu können oder die eigene Position entsprechend zu revidieren.
Besonders bei wichtigen Entscheidungen ist das unerlässlich. Natürlich kann ich mich am Ende über Bedenken hinwegsetzen, aber sie von vorneherein nicht zu kennen, kann sich hinterher zum gravierenden Fehler auswachsen. Ich bin froh, Mitarbeiter zu haben, die mich auf Probleme hinweisen. Ich kann alles nochmals auf Richtigkeit und Brauchbarkeit überprüfen und gegebenenfalls modifizieren. In der Mathematik gibt es übrigens ein ganz ähnliches Vorgehen.

Politik, deren Inhalte sich an klaren Kriterien orientieren, hat noch einen weiteren Vorteil. Ich als Ministerin muss mehrere hundert Entscheidungen pro Woche fällen. Dabei dürfen mir möglichst wenig Fehlentscheidungen unterlaufen. Es geht also darum, wichtige von unwichtigen Entscheidungen sehr schnell zu unterscheiden und sich für die wichtigen mehr Zeit zu nehmen. Auch dieses notwendige Auswahlverfahren funktioniert besser, wenn man klare Kriterien und ein inhaltliches Leitbild, das die Entscheidungen bestimmt, hat.
Im übrigen sind klare Strukturen auch besser und transparenter vermittelbar. Wenn man versucht, um etwas herum zu reden, hat man schon einen Fehler gemacht. Einleuchtender sind Entscheidungen, die in sich konsistent sind.

Lösungen für die Fragen im politischen Alltag zu finden, ist nicht einfach, weil sie in der Regel sehr komplex sind. Man muss unglaublich viel beachten. Dennoch sieht das Ergebnis in der Praxis oft überraschend anders aus als erwartet. Wenn das Lösen politischer Probleme einfach wäre, würden ja auch viel mehr Leute eine gute Politik machen – eine Politik, mit der alle zufrieden wären. Die Tatsache, dass die Menschen momentan sehr unzufrieden sind mit ihren Politikern, macht ja deutlich, dass die Politik ein schwieriges Geschäft ist.

Ein Wertesystem, eine Vision, ein Leitbild macht es weniger schwierig, denn es hilft, die Komplexität der Zusammenhänge auf die entscheidenden Faktoren zu reduzieren. Damit wird Politik auch für die Bürgerinnen und Bürger transparenter und einleuchtender.

Leitmotiv Nachhaltigkeit

Ein internationales Leitbild für unser Überleben auf der Erde wurde 1992 in Rio de Janeiro auf der Konferenz für Umwelt und Entwicklung formuliert: Unsere Erde ist ein begrenztes ökologisches System, das nur über endliche Ressourcen verfügt und auch nur in der Lage ist, eine bestimmte Menge von Emissionen ohne Schaden zu verarbeiten. Weil wir durch den hohen CO_2 Ausstoß und den damit zusammenhängenden Klimawandel zum ersten Mal ein globales Umweltproblem haben, das die Existenz von uns allen gefährdet, musste in Rio auch eine globale Strategie entwickelt werden, gemeinsam auf dieser begrenzten Erde zu überleben. Wir hatten einen großen Fehler gemacht. Die natürlichen Ressourcen ebenso wie die Aufnahmefähigkeit des Ökosystems mit Schadstoffen hatten wir als unendliche Größen angesehen. Als wir merkten, dass wir mit unserer Wirtschaftsweise dabei sind, unsere eigene Existenz zu ruinieren, haben wir ein Leitbild entwickelt, das uns das Überleben im 21. Jahrhundert ermöglichen kann, die Agenda 21.

Die Agenda 21 ist eine globale Vision, die nur erfolgreich sein kann, wenn sie vor Ort, lokal, in konkreten Schritten umgesetzt wird. Diese Schritte stellen aber keine strukturlose Anhäufung von Einzelaktionen dar, denn wir haben dabei immer das übergeordnete Ziel der nachhaltigen Entwicklung im Auge. Auch wenn wir vielleicht einmal einen kleinen Umweg gehen.

Das Problem ist einfach: Zwanzig Prozent der Bevölkerung, die Menschen auf der industrialisierten Nordhalbkugel, sind für achtzig Prozent der CO_2 Emissionen, die durch Verbrennung von fossilen Energieträgern entstehen, verantwortlich. Da die Erde erkennbar schon heute an der Grenze der Aufnahmefähigkeit von CO_2 angekommen ist, bekommen wir ein wachsendes Problem. Denn Länder wie China werden sich die wirtschaftliche Entwicklung mit dem dazugehörigen Energieverbrauch nicht nehmen lassen.

Wenn alle so leben würden wie wir, bräuchten wir nicht nur unsere eine Erde, sondern drei weitere, um mit den entstehenden Emissionen fertig zu werden. Da auch die Menschen in Ländern des Südens ein Recht auf Wohlstand haben und wir keine drei zusätzlichen Erden haben, gibt es nur eine Lösung: Wir müssen vier Mal so effizient mit unseren Energiequellen umgehen. Rechnen wir noch die wachsende Weltbevölkerung hinzu, sogar sechs oder acht Mal so effizient.

Das bedeutet, wir müssen die Energieerzeugung auf erneuerbare Energien, also CO_2-neutrale Energiequellen, umstellen und wir müssen mehr – das vierfache, das zehnfache – aus einer Tonne Öl oder einem Kubikmeter Gas herausholen.
Dass wir unseren Lebensstandard auch bewahren können, wenn wir sparsamer mit Energie umgehen, sieht man an dem Vergleich von Europa mit den USA. Die Europäer sind durchschnittlich nur für die Hälfte des CO_2 Ausstoßes eines Durchschnittamerikaners verantwortlich. Ein Inder steht durchschnittlich nur für die Hälfte des CO_2-Ausstoßes eines Chinesen und ein Durchschnittsamerikaner steht für den zwanzigfachen Ausstoß eines Inders.

Wie setzen wir aber nun das Leitbild Agenda 21 um? Wenn wir versuchen, *allein* das Umweltproblem umsetzen zu wollen, werden wir politisch scheitern, weil der Widerstand aus anderen Interessen heraus zu groß ist. Deshalb wurde in Rio auch die erfolgreiche Umsetzung beschrieben. Nur wenn soziale und wirtschaftliche Lösungen mit entwickelt werden, werden wir sie auch durchsetzen können. Nur wenn wir die betroffenen Menschen einbeziehen und mit ihnen gemeinsam die Lösungen umsetzen, wird das ein erfolgreicher Prozess.

Die Beharrungskoalition formiert sich

Man kann sich natürlich fragen, weshalb wir mit der Umsetzung dieser für unser Überleben so wichtigen Agenda 21, die in Rio formuliert wurde, nicht schneller voran kommen. Die Antwort ist einfach: Weil es so ist wie immer. Das Bestehende hat ein starkes Beharrungsvermögen. Wenn wir zum Beispiel erneuerbare Energien fördern wollen und sie – damit sie sich am Markt etablieren können – auch finanziell unterstützen, dann unterstützen wir damit zunächst neue, junge Unternehmen aus dem Mittelstand. Das steht in Konkurrenz zu den Unternehmen, den Beschäftigten, die ihr Geld mit den alten, fossilen Energiequellen verdienen. Sie haben verständlicherweise Angst um ihre berufliche Zukunft. Sie werden sich deshalb wehren. Da ist es ganz entscheidend, dass die soziale Frage für die Betroffenen befriedigend geklärt wird.

Wer neue Gedanken oder Veränderungen durchsetzen will, wird zunächst auf massiven Widerstand derer treffen, die dabei verlieren. Die zukünftigen Gewinner wissen meistens noch gar nichts von ihrem Glück, sind Einzelpersonen und damit schlecht organisiert. Von dort kommt also keine ausreichende Unterstützung.

Nachhaltigkeit konkret

Was sich momentan bei der Umweltpolitik abzeichnet und sicherlich weiter an Bedeutung gewinnen wird, ist die Idee der Vorsorge. Die alte Umweltpolitik hat sich mit der Beseitigung der von uns verursachten Schäden beschäftigt. Es wurde etwas produziert, dadurch wurden Abfall und Emissionen erzeugt. Wir mussten nachsorgend das Problem lösen, verschmutzte Luft und verseuchtes Wasser mit Kläranlagen und Filtern zu reinigen. Die neue Umweltpolitik heißt: Wir integrieren den Umweltschutz in den Produktionsprozess. Dort entwickeln wir Ideen, wie wir Ressourcen sparen können. Wenn wir Abfall, Energie und Wasser schon bei der Produktion einsparen, vermeiden wir Umweltprobleme und sparen sogar Geld. Das Motto heißt also: Ressourcen sparen und Kosten sparen. Weniger ist mehr.
Die modernen Umweltschützer sind Dienstleister, die mit intelligenten Ideen Kosten einsparen und Geld verdienen. Wir reden über eine vorbeugende Umweltpolitik, die das Problem der Umweltverschmutzung erst gar nicht entstehen lässt. Das ist dann produktionsintegrierter Umweltschutz.
Ebenso gibt es einen produktintegrierten Umweltschutz. Wie wird ein Produkt konzipiert, damit es von der Produktion bis zur Entsorgung möglichst wenig Ressourcen verbraucht.

Man kann auch noch weitergehen und fragen: Brauche ich überhaupt ein Produkt, oder brauche ich nur eine Dienstleistung?
Das Auto macht flexibel und mobil. Muss man es dafür besitzen oder reicht die Dienstleistung, die man sich auch durch ein gemietetes oder geleastes Fahrzeug verschaffen kann? Wenn viele dieses gemietete Auto nutzen, wird es häufiger gefahren, man muss weniger Autos produzieren und spart Ressourcen. Brauche ich das Auto oder nur die Dienstleistung, von A nach B zu kommen?
Dem widerspricht natürlich das gesellschaftliche Bedürfnis: „Nur was ich besitze, darüber kann ich verfügen." Interessant ist, dass sogar bei dem Statussymbol Auto Miet- und Leasinggeschäfte zunehmen. Wir werden also in Zukunft weniger materiell denken, sondern mehr über die Dienst-

leistung. Nicht nur eine Straße ist eine notwendige Infrastruktur, sondern auch Computernetze und schnelle Datenverbindungen. Telefon- und Videokonferenzen machen Fahrten überflüssig.

In Bildung zu investieren ist ebenso wichtig für die Zukunft. Wir sind vom Bauern- über das Arbeiter- zum Dienstleistungszeitalter vorgerückt. Nun gilt es, mit intelligenten Ideen die Herausforderungen des 21. Jahrhunderts zu meistern. Dazu ist die nachhaltige Entwicklung, die Agenda 21, das richtige Instrument.

Dr. Reinhard Höppner

Reinhard Höppner war Facharbeiter Elektromonteur, als er 1967 das Mathematikstudium an der TU Dresden aufnahm. Im Jahre 1971 erhielt er das Diplom, und im Jahre 1976 erfolgte die Promotion zum Dr. rer. nat..

Dr. Höppner war von 1994 bis 2002 Ministerpräsident des Landes Sachsen-Anhalt. Zuvor war er nach dem Eintritt in die SPD im Jahre 1989 Vizepräsident der ersten demokratisch gewählten Volkskammer der DDR (1990) und Fraktionsvorsitzender der SPD-Landtagsfraktion (1990 bis 1994).
Bevor er in die Landespolitik eintrat, war er achtzehn Jahre lang im Akademieverlag Berlin als Fachgebietsleiter für Mathematikliteratur tätig.
Daneben war er von 1980 bis 1994 Präses der Synode der Evangelischen Kirche der Kirchenprovinz Sachsen.

In seinem Beitrag gibt uns Dr. Höppner neben vielen interessanten Bemerkungen persönlicher und dienstlicher Natur zwei Anregungen:

1. Unsere demokratischen Entscheidungsprozesse sollten einmal unter dem Aspekt der Steuerung großer kybernetischer Systeme untersucht werden. Das dürfte auch darum eine interessante Fragestellung sein, weil sich im Zeitalter der Globalisierung Rolle und Verhältnis von Nationalstaaten und Staatengemeinschaften in dramatischer Weise verändern.
2. Anstatt es mit populistischer Vereinfachung zu versuchen und damit einem Bedürfnis vieler Menschen zu entsprechen, der Kompliziertheit unserer Welt zu entfliehen, sollten sich die Politiker der Logik bedienen und genau wie die Mathematik nach einfachen Wahrheiten suchen.

Was hat Mathematik mit Politik zu tun?

Reinhard Höppner

Was hat Mathematik mit Politik zu tun? Diese Frage ist mir in den letzten Jahren, seit es mich 1990 aus der Mathematik in die Politik verschlagen hat, oft gestellt worden. Für viele Journalisten gehört diese Frage in die Rubrik Privates. Ich erzähle dann von den Mathematikolympiaden, an denen ich als Schüler teilgenommen habe. Und da die Mathematikolympiaden auch heute noch durchgeführt werden, wird mir gelegentlich auch eine Aufgabe präsentiert, um mich zu testen. Mal sehen, ob er das auch heute noch kann. Und ich kann nicht bestreiten: Die Aufgaben locken mich auch noch heute, obwohl ich nicht mehr so trainiert bin. Gefragt ist die richtige Idee, die in der Regel eine ganz einfache Lösung des Problems zur Folge hat.

Eine ernsthafte Antwort auf diese Frage fällt schwerer, zumal jedem wohl zunächst vieles einfällt, was Unterschiede zwischen Mathematik und Politik begründet. Die Mathematik glänzt durch unbestechliche Logik. Die Politik scheint bisweilen mit Logik nichts zu tun zu haben. Sie wird oft erst verständlich, wenn man weiß, wer mit wem nicht kann und welche Interessen die bessere Lobby hatten. Und auch die Darstellung in den Medien hat eher etwas mit Dramaturgie und Theater zu tun als mit der Strenge einer Wissenschaft. Der Mathematiker arbeitet eher im Verborgenen. Der Politiker steht ständig in der Öffentlichkeit und wird eher beurteilt unter der Frage: Wie kommt der Vorschlag in der Öffentlichkeit an. Ob das Problem damit wirklich effizient gelöst wird, spielt dabei oft eine untergeordnete Rolle.

Mir fällt bei dieser Frage nach der Verbindung zwischen Mathematik und Politik immer jene schöne Geschichte ein, die von dem großen Mathematiker Gauß erzählt wird, der gefragt nach dem Verbleib eines seiner Mitarbeiter, geantwortet haben soll: »Der ist unter die Dichter gegangen, für die Mathematik hatte er nicht genug Phantasie.« In der Tat, die Mathematik erfordert ein Höchstmaß an Phantasie – ganz im Gegensatz zur volkstümlichen Meinung, die die Mathematik auf das Rechnen reduziert. Und da liegt für mich persönlich eine entscheidende Brücke, denn Phantasie zur Lösung von Problemen ist in der Politik in großem Maße erforderlich. Dass dieser Satz eine fundamentale Kritik an der derzeitigen Politik enthält, wird jeder erkennen, der sich die politische Landschaft ansieht. Politik zeichnet sich heute eher durch Phantasielosigkeit aus. Die mangelnde Phantasie ist gerade in unserer Zeit, in der sich wirtschaftliche und gesellschaftliche Realität in einem grundlegenden Umbruch befinden, geradezu lebensgefährlich. Kreativität wird durch ein Gestrüpp von Rechtsbestimmungen erstickt, die einem Formelfriedhof gleichen, in dem kein zielführender Gedanke mehr zu erkennen ist. Mag der Produzent dieser Formeln die Sache noch durchschauen, für die Problemlösungen helfen sie kaum.

Dabei bin ich erinnert an meinen Mathematikprofessor, der uns gelehrt hat, dass ein mathematisches Problem erst gelöst ist, wenn es hinreichend einfach und überschaubar ist. Das ist nun schon fast philosophisch: Die Wahrheit muss einfach sein. Die Politiker versuchen es mit populistischer Vereinfachung. Sprechblasen und Parolen sind das Ergebnis, und sie entsprechen einem Bedürfnis vieler Menschen, der Kompliziertheit unserer Welt zu entfliehen. Dem Mathematiker ist dieser Fluchtweg nicht erlaubt. Er weiß, dass dieses scheinbar hermeneutische Problem ein tief inhaltliches ist. Es geht um die Klarheit des Denkens. Bei aller Kompliziertheit der Begriffe: Was ich nicht einfach sagen kann, habe ich oft noch nicht bis zum Ende durchdacht.

Nun wird man einwenden können, dass die Mathematik sich ja einer zweiwertigen Logik bedient, in der es nur richtig oder falsch gibt und nichts dazwischen. Das Leben dagegen lässt sich nicht auf schwarz oder weiß bringen. Das ist auf den ersten Blick richtig, hält aber genauerer Betrachtung nicht stand, denn letzten Endes müssen auch die politischen Fragen diskutiert werden, bis sie sich auf Ja-Nein-Fragen bringen lassen, nämlich auf Abstimmungsfragen in Regierungen und Parlamenten. Vieles gleicht in der Politik dem mathematischen Problem der Polyoptimierung, der Optimierung unter mehreren Zielen. Die unterschiedlichsten Kennziffern sollen gleichzeitig ihr Optimum erreichen. Solche Aufgaben sind bekanntlich ohne Festlegung einer Hierarchie der Ziele nicht hinreichend eindeutig lösbar. Es wäre dann die Aufgabe der Politik, gerade diese Hierarchie der Ziele zu definieren. Darüber ist Streit nötig, politische Auseinandersetzung, weniger allerdings über die Lösung des Problems, nachdem die Wichtigkeiten festgestellt sind. Das ist die Kunst politischen Managements, zu unterscheiden zwischen dem, was je nach politischer Zielsetzung unterschiedlich vorgegeben und entschieden werden kann, und dem, was dann schließlich nur noch konsequente Umsetzung ist.

Um es noch komplizierter zu machen. Die Politik muss sich auch noch darum kümmern, dass die Umsetzung möglich wird. Der schöne Satz, wonach Politik die Kunst des Möglichen sei, ist nämlich bestenfalls die Hälfte der Wahrheit. Eigentlich ist Politik die Kunst, das Notwendige und Lebensdienliche möglich zu machen. Und das hat dann wirklich mehr mit Pädagogik, Soziologie und Psychologie zu tun als mit Mathematik. Und so will ich es denn bei diesen eher philosophisch unterhaltsamen Versuchen, eine Brücke zwischen Mathematik und Politik zu schlagen, bewenden lassen und mich lieber noch zwei konkreten Bereichen zuwenden, bei denen mir meine mathematische Vorbildung geholfen hat, Politisches zu verstehen und mit zu gestalten.

Der eine hat zu tun mit der mathematischen Modellbildung, der im Blick auf die Anwendung der Mathematik eine zentrale Bedeutung zukommt. Ein Biokybernetiker hat mich auf eine sehr interessante Tatsache aufmerksam gemacht. Bei der Modellierung großer kybernetischer Systeme hat sich herausgestellt, dass sich solche Systeme gut steuern lassen in Wachstumsphasen. Dann genügt es, jedes der Teilsysteme einzeln zu optimieren. Das Ergebnis ist ein gewisses Optimum des Gesamtsystems. Befindet sich das Gesamtsystem allerdings in einer Sättigungsphase, so führt die alleinige Optimierung der Teilsysteme nicht zu einem Optimum des Gesamtsystems, sondern eher zum Chaos und möglicherweise sogar zum Zusammenbruch des Systems. In solchen Phasen ist eine viel größere Abstimmung und Koordination der Teilsysteme erforderlich.

Diese Erkenntnis führt zu einer neuen Sicht auf unsere demokratischen Entscheidungsprozesse. Liest man in unserem Grundgesetz die Bestimmungen über den freien Abgeordneten, der nicht an Weisungen gebunden und nur seinem Gewissen verpflichtet ist, so legt sich die Analogie nahe, dass er ein solches Teilsystem ist, das sich „einzeln" optimiert. Eine Abstimmung im Parlament ist dann die Zusammensetzung dieser Teilsysteme, die ein Optimum für das Ganze ergibt: Die Mehrheit entscheidet. Diese Grundform der Demokratie passt in Wachstumsphasen der Gesellschaft. Und schließlich ist die parlamentarische Demokratie ja auch in einer solchen Wachstumsphase entstanden. Jetzt dagegen hat man den Eindruck, dass diese Form von Demokratie nur noch auf geduldig beschriebenem Papier steht. Die eigentlichen Entscheidungsprozesse sind ganz andere. Gespräche in kleinen Zirkeln und Koalitionsausschüssen bereiten solche Entscheidungen vor. Die Abgeordneten müssen sich diesen Entscheidungen fügen, können sie nur um den Preis des Machtverlustes ablehnen. Notfalls kommt die Vertrauensfrage des Kanzlers mit ins Spiel.

Über die Grenzen des Wachstums wird seit Anfang der siebziger Jahre diskutiert. Die heutigen Wachstumsraten lassen darauf schließen, dass die Experten des Club of Rome vielleicht richtiger geurteilt haben, als viele damals und heute bereit sind, sich einzugestehen. Damit drängt sich aber auch die Frage auf, wo die Grenzen unserer heutigen Demokratie liegen. Wenn ich mir die Diskussion über die Frage vor Augen führe, wie die größer werdende Europäische Union gesteuert werden soll, dann wird doch offenkundig, dass wir dringenden Bedarf haben, über neue angemessene, den Grundgedanken der Partizipation verpflichtete Entscheidungsmechanismen nachzudenken. Diese Frage wäre wohl wert, einmal wissenschaftlich unter dem Aspekt der Steuerung großer kybernetischer Systeme untersucht zu werden. Das dürfte im Zeitalter der Globalisierung auch darum eine interessante Fragestellung sein, weil wir ja wissen, dass sich Rolle und Verhältnis von Nationalstaaten und Staatengemeinschaften in dramatischer Weise verändern. Es reicht zum Beispiel nicht mehr, dass jeder europäische Staat versucht, für sein Land eine optimale Politik zu machen, als würden diese Politiken dann eine optimale europäische Politik ergeben. Neue Formen von Abstimmungen sind erforderlich. Und da rettet uns auch kein Europäisches Parlament.

Ein zweites Thema, das mich als Mathematiker in der Politik besonders bewegt, sind die Veränderungen, die auf uns durch die neuen IT-Technologien zukommen. Ein Schlagwort gibt des bereits, e-gouvernement. Dabei interessiert mich nicht so sehr die Frage, wie schnell wie viele moderne Computer in die Verwaltung einziehen. Spannender ist die Frage, welche grundsätzlichen Veränderungen diese Technologien in den nach preußischen Regeln geordneten Verwaltungen auslösen. Die Triebfeder für solche Veränderungen, da bin ich sicher, wird ein sich veränderndes Kundenverhalten sein. Die Verwaltung, geordnet in einer Hierarchie von Zuständigkeiten, wird sich an Netzstrukturen gewöhnen müssen. Formulare verwandeln sich in Masken auf dem Computer, für Ummeldungen und Sozialhilfeanträge ebenso wie für Arbeitslosmeldung und Rentenanträge. Ein Klick auf „Absenden" und der Computer muss selber den Weg zur zuständigen Stelle finden. Noch haben die Juristen ihre Schwierigkeiten, solche elektronischen Dokumente als gerichtsfest anzuerkennen, zu ungeheuerlich sind ihnen die elektronischen Signaturen.

Da habe ich als Mathematiker wirklich einen Vorteil. Mir ist das Denken in derlei abstrakten Kategorien wohl vertraut. So kann ich Vorgaben machen, habe das schon im Jahre 2000 in einer Regierungserklärung getan. Wir werden ein Liegenschaftsinformationssystem aufbauen, das Kataster- und Grundbuchämter zusammenführt. Das geht nicht, sagen die Fachressorts und streiten sich. Mich kann das nicht beirren. Die einen malen

Kästchen und nummerieren sie, die anderen machen Eintragungen in diese Kästchen. Warum sich der Kunde erst im Katasteramt die Nummer des Kästchens holen muss um dann im Grundbuchamt nach dem Eintrag zu fragen, kann mir keiner erklären. Und das ist nur ein Beispiel. Aber welches Verwaltungsmanagement ist diesen sich neu herausbildenden IT-Strukturen angemessen? Die Frage darf man nicht nur den Verwaltungswissenschaftlern überlassen. Ob wir darauf adäquate Antworten finden, wird erhebliche Auswirkungen auf die Akzeptanz von Politik haben. Im negativen Falle wird der Politikverdruss wachsen. Denn schließlich muss gute Politik dem Menschen dienen. Und der Begegnungsraum von Bürger und Politik ist nun einmal die Verwaltung in aller ihrer Vielfalt.

Über derlei Dinge fachlich vertiefend nachzudenken möchte ich Berufeneren überlassen. Denn meine Absicht war es mehr, Anregendes und Unterhaltsames beizutragen. Angesichts der vielen Konflikte in der Welt könnte ich allerdings auch in die Verlegenheit kommen, wirklich einmal als Politiker die strenge Logik der Mathematik zu Rate ziehen zu müssen, so wie es König Arthus erging, als er vor folgendem Problem stand. In seinem Reich gab es 2n Ritter, die untereinander heillos zerstritten waren. Er wusste nicht so genau, wer mit wem, war sich allerdings sicher, dass keiner der 2n Ritter mit mehr als (n-1) Rittern verfeindet war. Nun wollte er an einem runden Tisch zu Friedensverhandlungen einladen. Klar war ihm, dass diese Verhandlungen bereits an der ersten Prügelei scheitern, wenn er nicht eine Besetzung des runden Tisches hinbekommt, bei der nirgendwo zwei Feinde nebeneinander sitzen. Nach längerer Überlegung gab er den Befehl, den runden Tisch einzuladen und behauptete: Unter diesen Voraussetzungen gibt es für jedes n, d. h. für jede gerade Anzahl von Rittern eine Besetzung des runden Tisches, wo nirgendwo zwei Feinde nebeneinander sitzen müssen. Die Frage ist: War das ein zu großes Wagnis oder hatte König Arthus Recht?

Die Aufgabe gehört zu den schönsten Mathematikolympiadeaufgaben, die ich in Erinnerung habe. Die Lösung will ich gerne dem Leser überlassen. In diesem Falle gilt allerdings, was für Politiker nicht immer gilt: König Arthus hat Recht.

Ein Mathematiker, der immerhin über 20 Jahre Mathematik betrieben hat, in der Politik, das ist in Deutschland etwas ungewöhnliches. In meinem Kabinett sind alle gebürtigen Ostdeutschen Naturwissenschaftler oder Technikerinnen. Ihre Art, schnell zum Kern des Problems zu kommen, tut der Arbeit gut. Die Problemlösung ist freilich nicht mehr so nüchtern, wie wir das aus unseren Wissenschaften gewohnt sind. Ein Mathematiker kann sich zufrieden zurücklehnen, wenn er einen mathematischen Satz widerspruchsfrei in das Gebäude der Mathematik eingepasst hat: q.e.d. Dies ist einem Politiker nicht vergönnt. Seine Sätze werden sich nie widerspruchsfrei in die politische Landschaft einfügen. Trotzdem bleibe ich in der Politik, in die es mich seit der Wende des Herbstes 1989 verschlagen hat. Es könnte ja sein, dass sie die Eigenschaften eines Mathematikers ganz gut brauchen kann.

Prof. Dr. Johanna Wanka

Der Weg von Johanna Wanka in das Amt der Ministerin für Wissenschaft, Forschung und Kultur des Landes Brandenburg führte aus einer wissenschaftlichen Tätigkeit an der Technischen Hochschule (nach der Wiedervereinigung Fachhochschule) Merseburg und war begleitet von einem Engagement in der Bürgerbewegung der ehemaligen DDR (u. a. Gründungsmitglied des „Neuen Forums" in Merseburg) und von der Arbeit im Merseburger Kreistag als Mitglied des „Neuen Forums" (1990 bis 2000).

Dr. Wanka studierte zunächst Mathematik an der Universität Leipzig und erhielt 1974 ihr Diplom. Danach wechselte sie an die Technische Hochschule (Fachhochschule) Merseburg, Sektion Mathematik und wurde dort nach einer mehrjährigen (Ober-)Assistentenzeit und der Promotion zum Dr. rer. nat. (1980) im Jahre 1993 auf eine Professur im Fachbereich Informatik und Angewandte Naturwissenschaften berufen. Von März 1994 bis November 2000 war Dr. Wanka Rektorin an der Fachhochschule Merseburg.
Die Ernennung zur Ministerin für Wissenschaft, Forschung und Kultur des Landes Brandenburg erfolgte im Oktober 2000.

Johanna Wanka war Mitglied in diversen Kuratorien, Beiräten, Kommissionen, sowie im Senat der Hochschulrektorenkonferenz (1999 – 2000).

Politisch unbelastet, fanden in den neuen Bundesländern vergleichsweise viele Mathematiker und Naturwissenschaftler den Weg in die Politik. Sie bringen ein Politikverständnis mit, das auf Nachvollziehbarkeit gründet und teilen die Überzeugung, dass ein roter Faden in der Politik der Schlüssel zum Erfolg ist. Aufgrund ihrer Erfahrungen, so Dr. Wanka in ihrem Beitrag, seien Mathematiker fast das Gegenteil von Gutgläubigen. Anstatt allzu sehr Vertrauen auf zahlengestütztes „Expertenwissen" zu setzen und darauf ihre Entscheidungen aufzubauen, steht für sie das Grundsätzliche im Vordergrund, nicht die einzelnen Zahlen oder zweckspontane und interpretationsanfällige Statistiken.

Politik mit mathematischem Faden?

Johanna Wanka

Hat mein mathematisches Vorleben noch sehr mit der Wissenschaftspolitik zu tun, die heute meinen Alltag ausmacht? Eine interessante Frage.

Mein Studium ist schon lange her. Ich studierte Anfang der siebziger Jahre Mathematik und legte eine ganz normale Hochschullaufbahn zurück. Assistentin, Oberassistentin, schließlich Professorin. So war ich im Ganzen um die zwanzig Jahre im akademischen Bereich tätig. Bald nach meiner Berufung zur Professorin übernahm ich das Amt einer Rektorin. Dieses Amt war mit einer Fülle von Tätigkeiten für Institutionen verbunden. Stichworte: Hochschulrektorenkonferenz, Stiftungen, Hochschulräte, Strukturkommissionen, Beiräte.
Die mathematische Vergangenheit prägte mich natürlich – und in Kurzform würde ich sofort zustimmen, dass ich „logisch und strukturiert" vorgehe und denke und dass mich hier die Mathematik indirekt unter ihrem Einfluss hat. Das klingt natürlich zu grob, ja, fast abgedroschen. Lassen Sie mich ein wenig ausholen.

Fachlich „stamme" ich aus dem Gebiet der Analysis. Ausgehend von verfahrenstechnischen Problemen befasste ich mich mit linearen parabolischen und auch nichtlinearen Randkontaktaufgaben. Ich arbeitete analytisch, praktisch nicht numerisch. Ich investierte viel Herzblut in die Lehre, deren Hochschulproblematiken mir heute als Ministerin ein echtes Anliegen geblieben sind. Ich glaube, ich bin selbst nicht so eine ganz theoretische Mathematikerin. Mir war immer ein praktischer Sinn bei aller Mathematik lieber. Deshalb las ich auch gar nicht so gerne etwa Funktionalanalysis nur für Mathematikstudenten, die waren irgendwie zu formal fokussiert. Man verzeihe mir: Ich lehrte lieber unter den Physik- oder Ingenieurstudenten. Wie soll ich das erklären? Einerseits hatte ich als Studentin der Mathematik eine gehörige Furcht vor den sehr praktischen Physik-Prüfungsfragen der Art »Was passiert, wenn wir in einen Sandsack hineinschießen?« Andererseits hege ich eine große Sympathie für diese typische Grundvernünftigkeit von Physikern und Ingenieuren. Ich finde es wichtig, wenn Studenten denken und überlegen. Oft reagieren sie nur mit Herumblättern im Skript, wenn sie etwas Unerwartetes gefragt werden. Wo kam das schon einmal vor? Welchen Satz muss ich anwenden? Hatten wir das überhaupt schon einmal? Muss ich es schon können? Solche

Ansätze von Studierenden möchte ich gerne aberziehen. Das mathematisch-logische Denken muss auch mit der Gabe verknüpft werden, die im Grundsatz in voller Komplexität verstandene Sachlage anderen Menschen erklären zu können. Auch das predige ich oft und gern, als Ministerin sicherlich noch viel eindringlicher als jemals in der Hochschule.
Ich glaube, ich habe die Gabe, an einem Tisch zusammen mit zwanzig, dreißig Personen ein Ganzes formen zu können und darüber Einigkeit zu erzielen. Deshalb war ich gern Rektorin. Natürlich ist die Konsensbildung in einer Hochschulumgebung mit vielen besonderen und sehr freien Menschen eine echte Herausforderung, aber ich hatte hier Erfolg. Ja – irgendwie macht mir auch das Gewinnen Freude – der Moment, in dem eine gute Entscheidung getroffen werden konnte.

Diese Kenntnis der Hochschulwirklichkeit und meine Tätigkeit als Rektorin helfen mir heute sehr. Das Ringen um ein politisches Weiterkommen ist in der Landespolitik um Größenordnungen schwieriger. Im Gegensatz zur Hochschule kann ich natürlich als Ministerin einfach Anordnungen treffen. Das war in der ersten Zeit eine ganz neue Erfahrung, die ich aber sofort sehr schätzte. Ich habe ja an der Hochschule gelernt, quasi ohne formale Macht Ziele anzustreben und mit anderen Menschen zu verwirklichen. Ich habe früher gelernt, Energien in Richtungen zu lenken. Heute habe ich auch die formale Macht – das ist hilfreich. Ich kann sofort entscheiden und muss es oft auch, weil eben viel zu viele kleinere Dinge anhängig sind, die schnell erledigt sein müssen. Aber ich kann bei wichtigeren Anlässen gut zuhören, Einwände annehmen und mit Kritik umgehen. Ich übe im Grunde schon Macht aus, aber die Erfahrungen an der Hochschule schützen mich sicher gut davor, zu hart zu entscheiden oder verstecktes Wichtige zu übersehen oder zu überhören. Ich nehme mir eben Zeit, vorher den möglichen Konsens zu erforschen und zu überzeugen.

Dem politischen Handeln versuche ich, sachlich fundierte Konzepte zugrunde zu legen. Natürlich ist das in vieler Weise das Vorgehen des Mathematikers, immer stark systematische Wege zu bevorzugen. Als ich in das Ministerium kam, studierten wir sehr sorgfältig Zukunftsdaten und Zukunftsdaten. Ich befasste mich mit dem Auf und Ab der Studentenberge und –täler. Wir versuchten, eine plausible Entwicklung der Hochschullandschaft bis ins Jahr 2015 vorzuzeichnen und zu planen. Wie werden sich die Berufe entwickeln? Wo ist der neue Bildungsbedarf? Was kennzeichnet die aufkommende Wissensgesellschaft? Welche Auswirkungen hat das auf mein Ressort?
Ebenso wie die Hochschullandschaft habe ich auch die Kulturangelegenheiten unseres Landes einer Bestandsaufnahme unterzogen. Seit meinem

Amtsantritt haben wir im Ministerium viele Aspekte analysiert und abgewogen. Wir haben als Hilfsgrößen die Vergleichsdaten anderer Bundesländer eingeholt und angeschaut. Was wollen wir eigentlich kulturell? Was ist die Aufgabe des Landes? Wie ist die Interessenlage des Landes? Was will es erzielen oder fördern? Was ist im Großen und Ganzen durchsetzbar oder wünschenswert?
Es kommt mir darauf an, ein längerfristiges Konzept zu entwickeln und zu verfolgen. Eine Linie muss in das Ganze hinein, eine Art roter Faden. Ist es ein mathematischer Faden?
Ein gutes Konzept ist für mich die einzige Alternative. Ich mag nicht gerne „rumfuzzeln", wie ich so sage. Eine Linie in der Politik ist für mich natürlich auch der Schlüssel zum Erfolg. Die Linie überzeugt, sie überdauert die Tagesdiskussionen und sie ist in diesen schweren Zeiten oft auch ein verlässlicher Rettungsanker in Budgetdiskussionen, die die Politik heute allzu oft führen muss. Der politische und finanzielle Erfolg eines Konzeptes schwankt nicht so stark mit dem Wind.

Im unvermeidlichen Machtkampf der Politik nutze ich die konzeptionelle Denkweise ebenfalls als Vorgehensweise. Ich verlange auch von meinen potenziellen oder wirklichen Gegnern, dass sie mir Gründe für ihr Vorgehen oder ihre Forderungen nennen. Ich möchte einfach rationale Argumente haben! So versuche ich strittige Angelegenheiten auf eine Vernunftbasis zu stellen und taktisches Geplänkel einzudämmen. Machtkämpfe sind mir im Grunde sehr leidig. Aber ich kann darin auch eine Herausforderung sehen, und das ist hilfreich.
Ich möchte auch verstehen können, was in anderen Landesangelegenheiten wichtig ist. Apropos „verstehen": Mathematiker können von ihrer Grundbildung eine Menge verstehen, ohne wirklich ganz in der Materie zu Haus zu sein. Wenn ich über für mich ganz neue Angelegenheiten wie zum Beispiel ein Denkmalschutzgesetz entscheiden soll, hilft mir die Fähigkeit ungemein, aus losen Enden und isolierten und partiellen Argumentationssträngen, Einzelgedanken und Daten eine logische Struktur zu formen. Ich bin immer bestrebt, aus vielen Einzelteilen ein stimmiges Grundgerüst zusammenzusetzen. Ich kann im Gewühl der Meinungen und Teilfakten quasi eine Quintessenz finden, die ich anschließend auf Konsens prüfen kann. Auf diese Quintessenz verlasse ich mich im Großen und Ganzen. Ist das die Intuition der Mathematikerin? Die Quintessenz zu kennen ist von ganz anderer Qualität als ein paar Daten aufzuschnappen oder auch als ganz viele Daten auswendig zu kennen. Man versteht den Kern und dilettiert nicht an Merkmalsoberflächen.

Da sind wir bei den Daten und Zahlen: Mathematiker werden ja immer mit diesen Zahlen in Verbindung gebracht, obwohl sie die letzten sind, die Zahlen benutzen. Es geht ja immer um das Prinzip und um das Grundsätzliche, nicht um die einzelnen Zahlen. Deshalb sind Mathematiker fast das Gegenteil von Gutgläubigen, die oft allzu sehr Vertrauen auf sogenanntes Expertenwissen setzen. Viele Politiker ordern Beratung, Studien und Statistiken, wenn ihnen Fachwissen fehlt. Das tue ich natürlich auch, aber mir fehlt zum Glück die Gutgläubigkeit in alle dargelegten Ergebnisse. Statistiken sind ja schon sprichwörtlich nur für den vertrauenswürdig, der sie produziert hat. Ich meine: Das Erheben von Daten ist oft so zweckspontan, aufwändig und auch „zielbezogen", dass Unebenheiten in statistischen Ergebnissen eher die Regel sind. Datenschwächen, verzerrte Populationen und Interpretationsmängel sind praktisch überall zu finden. Dagegen sind die Mathematiker gefeiter als andere. Ich denke stets über das Ganze nach, bevor ich die einzelnen Zahlen „schlucke".
Wie bei den Daten fehlt mir auch die allgemein zu beobachtende Gutgläubigkeit dem Computer gegenüber. Was wird heute nicht alles begierig aufgenommen und akzeptiert, wenn es ein Computer sogenannt errechnet hat. Im Computer ist gar nicht so viel gezaubert, sondern eben das meiste hineinprogrammiert.

So kann es schon sein, dass die Politik von Mathematikern oder Naturwissenschaftlern anders betrachtet wird. Naturwissenschaftler betreiben Politik anders, setzen sich anders durch, argumentieren anders, setzen wohl wie ich auch mehr auf Konzepte und Leitideen. Wir konnten dies nach der Wende sehr schön in den neuen Bundesländern sehen, die von ganz anderen Menschen regiert wurden als in den alten Bundesländern. Weil viele der ehemalig Regierenden aus den Zeiten vor der Wende vorbelastet erschienen und auch, weil die Naturwissenschaftler im Allgemeinen und von ihrer Berufstätigkeit oder auch von ihrem technologischen „Charakter" her tendenziell nicht so vorbelastet waren, hatten wir im Osten viele Bürgermeister, Stadträte oder Landräte, die einem naturwissenschaftlichen oder technischen Lebenshintergrund entstammten. Im Westen regieren mehr die Geisteswissenschaftler oder Juristen. Es war faszinierend zu sehen, wie verschiedenartig sich die Denk- und Herangehensweise dieser eigentlich Politikungewohnten gestaltete. Sie packten an, natürlich oft ohne sich penibel genau an die rechtlichen Gegebenheiten zu kümmern. Juristen hätten oft die Hände über dem Kopf zusammengeschlagen. Ich will jetzt nicht behaupten, dass Naturwissenschaftler die bessere Politik gemacht hätten. Es ist ja viel schief gegangen in einer hemdsärmeligen Zeit. Es wurde aber viel bewegt und es gab eine Menge frischen Wind. Seitdem frage ich mich oft bei ungewohnten oder starr-rituellen

Entscheidungserfordernissen: »Wie macht so etwas ein Chemiker?« Es hilft eine Menge, sich das im Einzelfall zu überlegen.
Ich glaube, mit solchem Hintergrund, Dinge frisch und rational anzupacken, ist man prädestiniert, auch Innovationen anzugehen, die uns Mathematikern eher wie Vernunft erscheinen, nicht eben nur „neu" und schon gar nicht bedrohlich. Wir können anderen Menschen verständliche Ängste nehmen und geradlinig vorangehen. Wir sind nicht Menschen, die leichtfertig Versprechen machen. Ich jedenfalls versuche, einfach verlässlich zu sagen, wohin ich gehen will, ich bemühe mich, berechenbar und klar zu sein und niemals irgendwelche Schwierigkeiten zu verbergen. Ich setzte auf Akzeptanz meiner Politik, weil ich mich sorge, dass auf sie Verlass ist.

Im ganz Privaten ist mein Leben als Politikerin gehörig durcheinander gewirbelt. Ich bin nun „fremdbestimmt". Mathematiker gelten ja als Menschen, denen die Ressource Zeit vieles gilt, sie können ohne Ruhe beim Denken kaum atmen. In der Politik besteht das Leben vor allem aus fremdkoordinierten Terminen, über die ich weder verfügen noch wirklich bestimmen kann. Alle Sitzungen in allen Gremien und Institutionen sind eng verzahnt und durchgeplant. Mein Leben ist in diesem Sinne wie auf den Kopf gestellt und vor allem der meisten Freiheitsgrade beraubt. Wie halte ich das aus? Ich denke für mich manchmal, es ist ja nicht für ewige Zeiten. Dazu sehe ich die Politik zu realistisch. Auf der anderen Seite macht mir dieser enorme Wirkungskreis, den ich habe, so viel Lebensfreude, dass mich die Lebensumstellung noch gar nicht getrübt hat. Ich schaffe es, meine Zeit „mathematisch" zu organisieren – ich meine, ich kann Hektik und Stress in Grenzen fernhalten. Ich lasse mir auch nicht alle Zeit abnehmen. Bei Festveranstaltungen etwa, zu denen ich als Ministerin sehr oft eingeladen bin, möchte ich gerne einige Zeit dableiben. Ich finde es nicht gut, gleich nach Grußworten sofort wieder in Eile auszufliegen. Zeit für den Kontakt mit Menschen und Inhalten möchte ich immer haben.

Aus dieser neuen Lebensposition heraus muss ich mich heute wieder mit meinem alten Beruf auseinandersetzen, etwa mit den Fragen rund um die Evaluation der Universitäten. Wieder als Mathematikerin habe ich einige Bedenken, dass wir eine quantitative Akkreditierungsmaschinerie aufbauen, wo es doch vor allem auf das Qualitative ankommt. Mein Herz hängt sehr an der Verbesserung der Lehre für die Studenten. Heute meint man vor allem, die Qualität der Lehre mit reinen Fragenbogenaktionen besonders bei Studenten lösen zu können. Ich habe da ein ungutes Gefühl. Sicher, Studenten können gute Rhetorik oder Didaktik beurteilen, aber es

ist bestimmt nicht wirklich möglich, dass Studenten ein Urteil fällen können, ob sie das wirklich nötige Rüstzeug bei Lehrveranstaltungen auf den Weg bekommen haben. Es gibt viel zu viele Studenten, die später feststellen, dass sie bei einem Dozenten vieles Notwendige nicht serviert bekamen. Zu viele, die später auf einen „schwierigen" Dozenten anerkennend und letztlich dankbar zurückblicken.
Was können wir tun, in diesem Sinne die Qualität der Lehre zu verbessern, damit Studenten zu guter Wissenschaft erzogen werden? Damit sie nicht nur Prüfungen bestehen, sondern ein Gefühl für das Tiefe und eine Leidenschaft für ihre Wissenschaft mitbekommen? Ich kann noch keine klare Antwort geben. Ich weiß im Augenblick nur genau, wohin ich alles haben möchte. Für einen Wissenschaftler ist das oft schon viel – eine Idee oder eine Vision zu haben. Politikerinnen aber müssen noch umsetzen.

Ich bin – wie gesagt – gerne eine solche Politikerin. Also bin ich in gewissem Sinne gerne nicht mehr Mathematikerin. Aber mein Denken und Handeln hat einen durchgezogenen mathematisch angehauchten Faden. Und den schätze ich ungemein.

Dr. Rainer Janssen

Dr. Rainer Janßen studierte Mathematik und Informatik an den Universitäten Kiel und Kaiserslautern und wechselte nach der Promotion 1984 an das Wissenschaftliche Zentrum der IBM in Heidelberg, wo er den Bereich Wissenschaftliches Rechnen und Supercomputing aufbaute. Ab 1993 leitete er dann das IBM European Networking Center in Heidelberg, das sich mit Forschung, Entwicklung und Kundenprojekten rund um die Datenautobahn beschäftigte. Seit Juli 1997 leitet er den Zentralbereich Informatik der Münchener Rück und ist als „Group Information Executive" für Entwicklung und Umsetzung der globalen Informationsstrategie der Rückversicherungsgruppe verantwortlich.
Neben seiner beruflichen Tätigkeit hatte er zahlreiche Positionen in Universitätsbeiräten, Herausgebergremien von Fachzeitschriften, Konferenzorganisationen, Wissenschaftsverbänden etc. inne und hat sich dabei vor allem für den Transfer zwischen Forschung und Industrie eingesetzt.

In seinem Beitrag äußert Rainer Janßen die Überzeugung, dass für die eigentlich spannenden Aufgaben die frühere Universitätsausbildung relativ belanglos ist. Wichtiger als das einmal Gelernte sei die Fähigkeit, *schnell* zu lernen, für Neues aufgeschlossen zu sein und dabei niemals zu vergessen, dass die Fähigkeit zum Reden mit anderen, zum Diskutieren mit Fachfremden über die eigene Arbeit und über deren Probleme eine „conditio sine qua non" ist.
In diesem Sinne kommt er – aus Hunderten von Einstellgesprächen, die er mit jungen Akademikern geführt hat – zu der Überzeugung: »Mathematiker kann man zu allem oder zu nichts gebrauchen!«

Mathematiker sind zu allem oder zu nichts zu gebrauchen!

Rainer Janßen

Ich habe Mathematik studiert. Ich hätte zwar damals auch jedes Numerus Clausus Fach studieren können, aber da ich jede Form handwerklicher Arbeit hasse, kamen Medizin oder Natur- und Ingenieurwissenschaften nicht in Frage. Die meisten anderen Wissenschaften waren mir zu weich, da wurde zuviel politisch diskutiert, da gab es zuviel Interpretationspielräume. Und davon hatte ich nach fünf Jahren intensivster Diskutiererei – ´68 und seine Folgen – Anfang 1974, als ich mich zum Studium anmelden musste einfach die Nase voll. Deshalb blieb im Eliminationsverfahren eigentlich nur noch Mathematik übrig.

Mein Vater war damals sehr enttäuscht. Er hatte doch gehofft, dass ich was ordentliches lernen würde, mit dem man auch etwas werden könnte. Und was wird ein Mathematiker? Erst nach seinem Tode, beim Notar, habe ich gelernt, wie recht er hatte. Ich gab bei der Beantragung des Erbscheins als Beruf Mathematiker an, worauf der Notar mir dann erklärte, dass Mathematiker eine Ausbildung aber kein Beruf sei! Manager war aber auch nicht so recht akzeptabel und ich glaube, wir haben uns dann schließlich auf Direktor geeinigt.

Das Mathematikstudium hat mir Spaß gemacht. Ich hatte das Glück, an zwei ganz unterschiedlichen Fakultäten zu studieren. Mein Diplom habe ich in Kiel abgelegt. Dort herrschte in der Mathematik eine eher geisteswissenschaftliche Atmosphäre. Die numerische Mathematik war dort in der Informatik angesiedelt. Als wissenschaftlicher Mitarbeiter war ich dann zur Promotion in Kaiserslautern, wo ich gleich im ersten Semester eine Übung Höhere Mathematik IV für Ingenieure abhalten musste und lernte, dass man mehrdimensionale Integrale tatsächlich ausrechnen konnte! In der Zeit wurde dort Technomathematik als Lehrgang erfunden, die ersten Industriemathematikseminare fanden statt: Ein größerer Kontrast zu Kiel in der Mathematik war zu der Zeit – Anfang der 80er – wohl kaum denkbar.

In den ersten Jahren nach der Promotion habe ich dann am Wissenschaftlichen Zentrum der IBM in Heidelberg wirklich noch Mathematik gemacht. Wurde dann aber bald Manager und habe als Forschungsmana-

ger viele Projekte im Bereich des damals aufkommenden Wissenschaftlichen Rechnens mit vielfältigen Partnern in der deutschen Forschung angestoßen und geleitet und habe dann sukzessive Karriere gemacht, erweiterte Verantwortung, neue und andere Themenfelder bekommen, mich also ab Anfang der 90er inhaltlich in meiner Tätigkeit vollständig von der Mathematik entfernt.
Seit fünf Jahren bin ich nunmehr bei der Münchener Rück, dem führenden Rückversicherer, als Leiter des Zentralbereichs Informatik und Group Information Executive für alles, was irgendwie mit Informatik zu tun hat, in der weltweiten Rückversicherungsgruppe zuständig.

Also ist ja entgegen den Befürchtungen meines Vaters doch ´was aus mir geworden. Hat das Mathematikstudium geholfen? Hilft es mir heute noch in meinem Beruf, als Manager? Nun, zumindest hat es mir nicht geschadet! Und das kann man nicht immer sagen. Ich habe in meinen Jahren als Manager sicher Hunderte von Einstellgesprächen mit jungen Akademikern geführt, die Ihren ersten Job in der Industrie suchten. Dabei hat sich bei mir eine recht binäre Einschätzung entwickelt: Mathematiker kann man zu allem oder zu nichts gebrauchen!
Es gibt, auch wenn sich in den letzten zehn Jahren an deutschen Universitäten in der Mathematik sehr viel verändert hat und viele Professoren den Elfenbeinturm verlassen haben, einen verbreiteten Typus, der sich von der realen Welt verabschiedet hat, der nicht gelernt hat zu kommunizieren, in die Sprache anderer Menschen zu übersetzen, der nicht Fünfe gerade sein lassen kann, der immer alles ganz genau haben muss, der lange zögert loszulegen, weil er erst nachdenken muss, ob denn eine Lösung überhaupt existiert. Das klingt nach vielen versammelten Vorurteilen, ist aber leider wirklich so, habe ich immer wieder in Einstellgesprächen erlebt. Ganz stark bei Mathematikern, sehr selten bei anderen Studiengängen aus dem weiten Spektrum Natur- und Ingenieurwissenschaften, Informatik, Wirtschaftswissenschaften.

Ansonsten sind die Generalfähigkeiten des Mathematikers in vielen beruflichen Situationen nützlich:

- Mathematiker lernen recht früh in ihrem Studium Frustration zu ertragen. In den meisten Wissenschaften können Sie bei Übungsaufgaben immer etwas tun. Es mag im Ergebnis falsch sein und Sie bekommen eine schlechte Note, aber Sie sitzen nicht vor dem leeren Blatt und müssen grübeln, bis Sie die Idee haben, wie sie anfangen können.
- Man lernt, Probleme zu analysieren, auseinander zu nehmen, Zusammenhänge zu erkennen: analytisches Denken.

- Man lernt – zumindest wenn man ein wenig praktische Mathematik betrieben hat – Daten zu analysieren und zu interpretieren.
- Es schadet nicht, wenn man noch rechnen kann. Ja, ich weiß, dass Rechnen und Mathematik etwas verschiedenes ist, aber viele Mathematiker lernen doch noch einigermaßen solide mit Zahlen umzugehen. In Wirtschaft und Politik sieht man immer wieder, wie katastrophal es werden kann, wenn in der Führung Anumeriker sitzen.

Aber die eigentliche Mathematik braucht man doch nur in recht wenigen Positionen und im Management gleich gar nicht.

Andererseits gibt es eine Eigenschaft, die den Mathematiker oft am Erfolg hindert: Er will vielfach zu genau sein! Er will erst alle Voraussetzungen kennen, alle Randbedingungen, wissen, ob eine Lösung existiert! Da sind andere schon längst fertig, bevor er überhaupt angefangen ist. Das Problem bringt Achim Bachem in seinem Beitrag sehr schön auf den Punkt, wenn er, auf den größten Unterschied zwischen alter Aufgabe als Professor für Mathematik an der Universität Köln und neuer Aufgabe im Vorstand der DLR eingehend, sinngemäß sagt: »Als Mathematik-Professor war das Wichtigste, genau zu sein, die Wahrheit zu sagen, jetzt kommt es bei der Kommunikation viel mehr darauf an, dass der Empfänger das richtige versteht, auch wenn ich dazu etwas Falsches sagen muss.«

Und dies adressiert einen wesentlichen Aspekt jeglicher Führungsaufgabe: Man muss so kommunizieren, dass der Adressat das „Richtige" versteht! Dabei muss man oft über Fachlichkeit reden, die man selber im Detail nicht mehr versteht. Man muss über die eigene Fachlichkeit so reden können, dass der Nicht-Fachmann versteht, wieso er eine bestimmte Entscheidung treffen, unterstützen soll. Man muss Allianzen gewinnen, die Entscheidungen gemeinsam tragen kann, die nicht aus der unabhängigen Fachlichkeit eines einzelnen Teils der Organisation getroffen werden können: Ein Produkt ist immer eine Kompromissentscheidung zwischen Forschung, Entwicklung, Produktion, Marketing, Vertrieb, Kostenrechnungswesen ...! Keiner versteht den anderen, keiner kann alleine entscheiden, da haben es Mathematiker oft schwer, die richtige Kommunikationsebene zu finden.
Das beleuchtet der Stoßseufzer eines Bankers, den mir einmal ein Mathematiker in einer großen deutschen Bank berichtete: »Da kommen Sie wieder mit Ihren Blitzen!« Hintergrund des Seufzers: Er hatte Schwierigkeiten mit den Summenzeichen des Mathematikers!

Gibt es sonst irgendetwas, was das Mathematikstudium bringt? Was mir in meinem täglichen Dasein als Manager hilft? Ich weiß es nicht, mir fällt nichts ein. Mein allgemeiner Eindruck ist, dass man sich in seinem Berufsleben irgendwann entscheidet, ob man sein Studium zum Beruf machen will, also Mathematiker, Jurist, Ingenieur sein und bleiben will. Dann landet man in vielen Firmen in gewissen Spezialistennischen, die zwar interessant, aber auch in ihren Entwicklungsperspektiven und Veränderungsmöglichkeiten begrenzt sind.
Für die eigentlich spannenden Aufgaben ist die frühere Universitätsausbildung relativ belanglos. Wer etwas wird, der ist nach ein paar Jahren in der Industrie nicht mehr in einem von der Ausbildung geprägten Job. Es gibt sicher Ausnahmen, insbesondere wenn man Karrieren in den riesigen Entwicklungsabteilungen großer multinationaler Konzerne anschaut. Aber im Großen und Ganzen entwickeln sich die beruflichen Tätigkeitsfelder so schnell, dass man dauernd umlernt. Wichtiger als das einmal Gelernte ist die Fähigkeit, schnell zu lernen, für Neues aufgeschlossen zu sein: man brauchte einen gut trainierten Hirnmuskel, eine schnelle biologische CPU.

Deshalb schaut man in anderen Ländern auch viel weniger auf das Studienfach als auf die Qualität der Schule, die man besucht hat. Ein Historiker aus Eton oder Oxbridge ist sicher in der Londoner Finanzwelt viel mehr wert, als ein MBA einer mittelmäßigen Provinzuniversität! In Deutschland schaut man, wenigstens bei der Einstellung, immer noch sehr stark auf den Ausbildungsgang, aber sonst? Wenn man einmal drin ist im Berufsleben, ist das eigentlich nur noch für wenige Positionen wichtig.

Würde ich also einem jungen Menschen, der eine Karriere in der Industrie anstrebt, empfehlen Mathematik zu studieren? Ich würde ihm zunächst einmal empfehlen, das zu studieren, was ihm wirklich Spaß macht! Denn nur wenn das Studium Spaß macht, wird man schnell und erfolgreich studieren, wird man das Hirntraining des jeweiligen Fachs lieben und seinen Hirnmuskel ausdauernd und erfolgreich trainieren. Eine Studienfachwahl nach aktueller beruflicher Erfolgsaussicht ist schon bei so vielen im Beruf als Taxifahrer geendet, weil dann das Studium eine Qual, der Erfolg mäßig und am Ende der Bedarf gar nicht mehr so hoch war, dass ich dies in keinem Fall als Kriterium heranziehen würde.
Wirkliche Exotenfächer wie Assyrologie muss man sich überlegen, ansonsten: macht, was euch Spaß macht, aber macht es gut und schnell! Und wenn euch Mathematik Spaß macht, dann studiert Mathematik. Aber vergesst niemals, dass die Fähigkeit zum Reden mit anderen, zum Diskutieren mit Fachfremden über die eigene Arbeit und über deren Probleme eine „conditio sine qua non" ist. Wer dies vergisst und nicht

eine „conditio sine qua non" ist. Wer dies vergisst und nicht beachtet, wer sich im Elfenbeinturm oder wo und in welchen abstrakten Welten immer abschottet, wird noch nicht einmal eine Eingangsstellung bekommen, geschweige denn im Beruf Erfolg haben.

Michael Rosenberg

Michael Rosenberg studierte Mathematik, Physik und Informatik an der Universität Bonn. Im Anschluss daran absolvierte er von 1977 bis 1978 ein Wirtschaftswissenschaftliches Studium für Diplom-Mathematiker an der TH Aachen. Seine erste Station nach der Universität war der Verband der Lebensversicherungs-Unternehmen e.V., Bonn, bei dem er als Leiter der Mathematischen Abteilung und der Statistischen Zentralstelle bis zu seinem Wechsel zur VICTORIA-Lebensversicherung im Jahre 1985 blieb.
Bei der VICTORIA war er zunächst Prokurist und seit 1988 ist er Vorstandsmitglied. Genauer ausgeführt, ist Michael Rosenberg heute Vorstandsvorsitzender der zur Ergo-Gruppe gehörigen VICTORIA Lebensversicherung und Vorstandsmitglied der VICTORIA Versicherung, mit den Ressorts Lebensversicherung, Kapitalanlage und Controlling. Darüber hinaus ist er Vorstandsmitglied der ERGO Versicherungsgruppe, zuständig für die Ressorts Lebensversicherung und Informationstechnik.

In seinem sowohl zeitgeschichtlich als auch autobiographisch geprägten Beitrag beschreibt Michael Rosenberg die Mathematik als „gottnah" bei den Griechen, als zeitlos interessantes Forschungsgebiet, als ein Werkzeug, logische Strukturen zu erkennen und last but not least als einen Grundstein des Geschäftsmodells für Versicherungen, dem zunehmend auch ein öffentliches und politisches Interesse zukommt. So sei eine der bewegensten Fragen in Deutschland: Wie sicher ist meine Rente? Die Rentenformel wurde sogar in einem großen deutschen Boulevardblatt abgebildet. Das macht deutlich: Zuverlässige Antworten zum Thema „Altersversorgung" sind ohne Mathematik nicht denkbar.

Versicherungen atmen Mathematik

Michael Rosenberg

Ich betrete den Raum. Meine rotarischen Freunde kennen mich – als »Mann von der Versicherung«. Sie erwarten einen Vortrag – aus der Welt der Assekuranz. Doch diesmal ziehe ich etwas anderes aus meiner Tasche: eine Geschichte über die Lösung eines uralten mathematischen Rätsels. Für 30 Minuten möchte ich meine Zuhörer mitnehmen auf eine Reise in die faszinierende Welt der Mathematik.

Mich führt die Reise zurück zu den Wurzeln meiner Ausbildung: »In Mathe war ich immer gut ...« und die Herausforderung, den Tanz der Variablen im n-dimensionalen Raum zu begreifen, reizte am Ende meiner Schulzeit. So entschloss ich mich an der Universität Bonn Mathematik zu studieren.

Seitdem sind rund fünfundzwanzig Jahre vergangen. Die Zettel auf meinem Schreibtisch haben kontinuierlich ihr Aussehen verändert: Vom dichten Formelgekritzel in der Studentenbude über Sterbetafeln und Tarifkalkulationen beim Lebensversicherungsverband der Versicherungswirtschaft bis hin zu Algorithmen der Datenverarbeitung bei den VICTORIA Versicherungs-Gesellschaften in Düsseldorf.

Und heute?

Der Blick vom Schreibtisch im 6. Stock am Victoriaplatz 1 führt ins Grüne. Der Blick auf den Schreibtisch ins Schwarze: Unterschrifts- und Postmappen. Das Aufgabenspektrum ist bunt. Vieles ist spannend, alles von Relevanz. Personalakten, Kundenbeschwerden, E-Mails in Hülle und Fülle, Vertragsentwürfe, Redemanuskripte: Mathematikfaktor null. Geschäftszahlen, Unternehmensbewertungen: der Dreisatz aus Schulklasse fünf erweist gute Dienste.
Wo ist die Mathematik geblieben? Ich will versuchen, eine Antwort zu geben.

Zum einen bietet die Versicherungsbranche wie kaum ein anderer Wirtschaftszweig die Möglichkeit zwischen »all dem nicht mathematischen Kram« Stücke der Leidenschaft Mathematik zu bewahren. Zum anderen ist unsere Umwelt geprägt von Zahlen und Mathematik.

Mathematik in Versicherungen

Ich verspürte schon früh ein Faible für praktische Mathematik, habe Mathematik stets eher als wunderbare Hilfswissenschaft und Mittel zum Zweck begriffen. Ich weiß, in den Augen mancher meiner – wohlgemerkt hochgeschätzter – Professoren eine verwerfliche Neigung, doch ich folgte ihr. So tauschte ich 1978 den Hörsaal gegen das Büro beim Verband der Lebensversicherungsunternehmen e.V. Das Erlebnis „Mathematik in der Praxis" lockte. Zudem wollte ich interdisziplinär arbeiten. Bei der Behandlung der stark logisch orientierten steuerrechtlichen und juristischen Fragestellungen half sie mir dann wieder: die Ausbildung in Mathematik, die insbesondere Analytik und Logik schult.

Versicherungen „atmen" Mathematik. In den Kalkulationen von Lebens-, Renten- und Krankenversicherungen spielen stochastische Annahmen über Lebenserwartung oder Berufsunfähigkeitsrisiken, Algorithmen zur Kostenverteilung sowie Zins- und Zinseszinsrechnung eine zentrale Rolle. Eine Lebensversicherung, die das Leben einer Person versichert und zugleich einen Sparvorgang – zum Beispiel zur Altersversorgung - abbildet, ist ohne angewandte Mathematik und Wahrscheinlichkeitsrechnung nicht denkbar. So basiert ihre Kalkulation auf rund einem halben Dutzend kryptischer Formeln mit rund 10 Parametern, die beliebig variiert werden können. Mathematik ist ein Grundstein des Geschäftsmodells für Versicherungen. Dies gilt für Lebensversicherungen, aber auch für Schadenversicherungen, deren Modelle zur Beschreibung von Risiken wie Erdbeben oder Stürme zunehmend mathematischer geworden sind.

Die Korrektheit versicherungsmathematischer Formeln und damit die Sicherheit der versprochenen Leistungen für die Kunden wird im Geschäftsbericht der Versicherung durch den Chefmathematiker des Hauses, den verantwortlichen Aktuar, testiert. Von 1988 bis 2002 war ich verantwortlicher Aktuar der VICTORIA Lebensversicherung AG, zu der ich 1985 vom Verband wechselte. In dieser Funktion hat man die Gelegenheit, mathematisch aktiv zu wirken. Ein Paradebeispiel dafür lieferte mein Vorgänger im Amt des Chefmathematikers: Er entwickelte Mitte der 80er Jahre eine universelle Formel zur Herleitung und Berechnung von Beiträgen zu privaten Rentenversicherungen, ein Produkt, das heute unerlässlicher Baustein der Altersversorgung in Deutschland ist. Die Formel verabreichte er seinem PC der Marke Sperry, übrigens der erste PC, der in der VICTORIA Dienst tat. Während sich die eigenen handschriftlichen Berechnungen durch Exaktheit und Stringenz auszeichneten, warf Sperry meterdickes Papier aus, doch stets mit den falschen Ergebnissen. So wurde der junge Kollege mit dem Hang zur Mathematik und Datenverarbeitung gerufen. Mehr intuitiv als fundiert tippte ich darauf, dass eine Variable doppelt belegt sein könnte. Eine halbe Stunde später war das Problem gelöst und die Maschine ratterte fortan Tag und Nacht Berechnungen zur Rentenversicherung herunter.

Mathematik in Versicherungen findet zunehmend auch ein öffentliches und politisches Interesse. So ist eine der bewegensten Fragen in Deutschland: Wie sicher ist meine Rente? Die Rentenformel wurde sogar in einem großen deutschen Boulevardblatt abgebildet.

Den aktuellen Diskussionen um die Rentenreform liegen mathematisch-statistische Erkenntnisse zu Grunde. So zeigt sich zum Beispiel eine deutliche Verschiebung der Relationen von Beitragszahlern zu Rentenempfängern. Während heute noch zwei Beitragszahler für einen Rentenempfänger aufkommen, wird in rund vierzig Jahren jeder Beitragszahler einen Rentenempfänger „versorgen" müssen. Dies liegt im Wesentlichen an geringen Geburtenraten und steigenden Lebenserwartungen. Gerade die an sich schöne Nachricht, dass die Menschen in Deutschland immer älter werden, schwebt wie ein Damokles-Schwert über dem System der gesetzlichen Rentenversicherung. Lag das Durchschnittsalter eines 1950 geborenen Mädchens noch bei neunundsechzig Jahren, so liegt es 2002 bei einundachtzig Jahren. Jedes dritte Mädchen, dass heute das Licht der Welt erblickt, wird statistisch belegt den Rest unseres Jahrhunderts erleben.

Alles ist Zahl

Unsere Welt ist geprägt von einer zunehmenden Innovationsgeschwindigkeit. Es gibt ein Wort, dass hat so schnell die Welt erobert, wie noch nie ein Wort zuvor: Internet. Neuerungen und Veränderungsprozesse strömen in einer nie gekannten Dichte auf uns ein; über den Informations-Overkill wird bereits diskutiert. Der unternehmerische Wettbewerb ist härter geworden. Er wird im „globalen Dorf namens Erde" ausgetragen.

Versicherer bewegen sich in diesem Dorf. Sie stehen vor der Herausforderung, den zunehmend individueller werdenden Wünschen einer sehr heterogenen Kundenmenge zeitnah und bedarfsgerecht entsprechen zu müssen. Die VICTORIA Lebensversicherung beispielsweise bietet ihren Kunden aktuell rund sechzig Tarifvarianten, dreimal mehr als noch vor zehn Jahren. Von der Produktanforderung bis zur Marktreife vergehen heute vier Wochen, damit sind wir dreimal so schnell wie noch vor zehn Jahren.

Um nachhaltiges Wachstum zu sichern, müssen neue Vertriebswege und Partnerschaften erschlossen werden. Begriffe wie „All-Finanz-Konzern" und „Bankassurance" sind Schöpfungen der letzten Jahre. Versicherungen werden am Bankschalter, aber auch im Kaufhaus oder sogar – wie ein jüngster Auswuchs zeigt – neben kolumbianischen Hochlandbohnen am Kaffeestand verkauft.

Ein wesentlicher Garant für Geschäftserfolg liegt auch im effizienten Einsatz neuer Informationstechnologien. Ein Großteil der rund viertausend hauptberuflichen Versicherungsvermittler der VICTORIA besitzen eine eigene Homepage und gehen mit Laptops zum Beratungsgespräch. Antragserfassung und Policierung erfolgen elektronisch und online. Das spart Kosten und erhöht den Service.

Last but not least fordern Aktionäre und Investoren eine adäquate Verzinsung ihres Kapitals ein.

In diesem mehrdimensionalen Umfeld ist die Fähigkeit, logische Zusammenhänge schnell zu erkennen und Phänomene überschaubar zu beschreiben, unerlässlich, um den Wald vor lauter Bäumen noch zu sehen. Mir hilft dabei die Mathematik. Sei es in der Beratung mit den Vorstandskollegen zur Entschädigung von Hochwasseropfern oder der Fachdiskussion zur richtigen Anwendung einer Balanced Scorecard: die Identifizierung des Wesentlichen und das Entwickeln nachvollziehbarer Schlüsse ist stets elementarer Erfolgsgarant.

»Mathematik liefert das Werkzeug, logische Strukturen zu erkennen«, befanden bereits die alten Griechen vor über 2000 Jahren. Sie entdeckten die Macht der logischen Argumente.

Pythagoras von Samos, einer der größten Mathematiker der Antike, sagte: »Alles ist Zahl«. Damit brachte er zwei Dinge zum Ausdruck: Zum einen wurde in dem von ihm gegründeten pythagoreischen Bund die Zahl als Gottheiten (?) angebetet. Zum anderen erkannte Pythagoras die mannigfaltigsten Verknüpfungen von Zahlen und natürlichen Phänomenen; überall waren Zahlen verborgen, von den musikalischen Harmonien bis zu den Umlaufbahnen der Planeten.

Auch wenn Pythagoras als Gründer einer Sekten-ähnlichen religiösen Gemeinschaft in einer überzogenen Liebe zur Zahl stand, so steckt doch auch Wahrheit in diesen drei Worten: »Alles ist Zahl.«

Wie heute, am Tag meines Vortrages zu einem uralten mathematischen Rätsel vor meinen rotarischen Freunden.

Fermats Vermutung

Der französiche Jurist und Hobby-Mathematiker, Pierre de Fermat notierte im 17. Jahrhundert als Randnotiz in ein Mathematikbuch: Für keine natürliche Zahl n (1, 2, 3, ...) größer als 2 hat die Gleichung $x^n + y^n = z^n$ eine Lösung mit ganzen Zahlen (..., -3, -2, -1, 0, 1, 2, 3, ...) x, y, z ungleich 0. Zudem ergänzte er lapidar, dass er einen wunderbaren Beweis für obige Aussage habe, doch der Rand des Buches zu schmal sei, ihn zu fassen. Der Beweis dieser schlitzohrig kühnen Behauptung raubte Generationen der besten Mathematiker Nächte und Nerven. Indes, alles Streben war zunächst erfolglos, bis am 23. Juni 1993 der damals vierzigjährige englische Mathematiker Andrew J. Wiles im Rahmen einer Vortragsreihe an der Universität seiner Heimatstadt Cambridge Fermats Vermutung bewies. Das völlig überraschte Auditorium war Zeuge der wohl größten Sternstunde der Mathematik im 20. Jahrhundert geworden. Wiles war auf Fermats Vermächtnis erstmals im Alter von zehn Jahren gestoßen. Es sollte ihn nicht mehr loslassen. Geradezu besessen arbeitete er am Beweis seit 1988. Am Ende umfasste sein Lebenswerk mehrere hundert Seiten subtilster mathematische Argumentation, von denen ein normaler Mathematikstudent kaum eine verstehen wird. Der Beweis hat sogar Eingang in das Guinnessbuch der Rekorde 1996 gefunden: »Exakt dreihundervierundsiebzig Jahre – dauerte die Lösung eines mathematischen Problems«.

Ich hatte dreißig Minuten für die kleine Reise in die Mathematik gebraucht. Ich schloss mit den Worten q.e.d. - von genialen Mathematikern häufig zur Abkürzung der Beweisführung genutzt. Für den normalen Mathematiker und den Mathematik-Studierenden häufig Stolperstein und eher zutreffend übersetzt mit „Qualen, Elend, Demütigung".

Würde ich noch einmal Mathematik studieren? Ja. Ich meine auch, dass zumindest eine fundierte mathematische Grundausbildung den Weg in eine hochqualifizierende universitäre Berufsausbildung erleichtert.

Stephan Huthmacher

Stephan Huthmacher hat an der Universität Bonn Mathematik und Physik studiert und ein Diplom in Physik erworben.

Nach seinem Examen im Jahre 1983 blieb er für weitere sechs Jahre als wissenschaftlicher Mitarbeiter am Physikalischen Institut der Universität Bonn. Aus dieser Zeit resultieren zahlreiche wissenschaftliche Arbeiten, die in renommierten Zeitschriften publiziert wurden.
1989 gründete Stephan Huthmacher die Firma Comma Soft, ein Unternehmen, das heute eine Aktiengesellschaft ist – mit Stephan Huthmacher als Vorstandsvorsitzendem.

Wenn Huthmacher in seinem Beitrag über die Defizite herkömmlicher Managementinformationssysteme berichtet, weiß er aus jahrelanger Erfahrung, wovon er spricht.
Was wir im Management brauchen, ist eine Vernetzungstechnologie, die den anstehenden hochkomplexen Aufgaben und Anforderungen tatsächlich gerecht wird. Und die vor allem eines bewirkt, dem Manager mehr Zeit zu lassen für das Wesentliche seiner Aufgaben: Und dazu gehören nicht zuletzt Innovation und Kreativität.
Wir erfahren, dass es so etwas gibt!

Die Macht der Transparenten Netze

Stephan Huthmacher

Stellen Sie sich vor, ein guter Geist würde Ihnen für Ihre Arbeit als Manager drei Wünsche gewähren. Wie lautete Ihre Antwort? Würden Sie sich nicht vielleicht auch spontan mehr Zeit für das Wesentliche, eine Befreiung von „überflüssigen", von außen aufgezwungenen Aktivitäten und eine effizientere Kommunikation mit Konzentration auf entscheidungsrelevante Informationen wünschen? Nicht nur um Kosten zu sparen. Nein, um sich in einem immer schneller verändernden Umfeld vor allem wieder auf Ihre eigentliche Aufgabe zu konzentrieren: das Entwickeln von Innovationen – technologisch, strukturell und organisatorisch – in einer kreativen Arbeitsatmosphäre.

Wie aber sieht die Realität des Geschäftsalltags aus? Für Kreativität bleibt den Managern meist wenig Zeit. Denn angesichts des enormen Wettbewerbsdrucks müssen sie sich einer zunehmenden Komplexität und Unsicherheit stellen, und das Tag für Tag. Die Herausforderungen des risikoreichen Geschäftsumfeldes verlangen Flexibilität – und kosten Zeit. Doch um auf Erfolgskurs zu bleiben, müssen Manager schnell handeln und ihre Geschäftsprozesse immer wieder an die Anforderungen des Marktes anpassen. Die nötige Innovationsfähigkeit bleibt dabei nicht selten auf der Strecke, was wiederum den Fortbestand der Firma gefährdet.
Ein Teufelskreis, aus dem es letztlich nur einen Ausweg gibt: Die Transparenz von Wissen im eigenen Unternehmen und den effektiven Umgang mit diesem Wissen durch sehr gut qualifizierte Mitarbeiterinnen und Mitarbeiter. Aber genau da liegt oft die Schwachstelle. Denn nur selten ist Managern überhaupt klar, welche Informationen in ihrem Unternehmen zur Verfügung stehen und welche Mitarbeiter gesuchtes Wissen zur Verfügung haben und zur Verfügung stellen können.
So wird etwa in einer Abteilung tagelang an einem Thema recherchiert, obwohl der Kollege eines anderen Bereichs die benötigten Informationen in Sekunden hätte bereitstellen können. Und falls den Managern dennoch alle Daten vorliegen, fällt es ihnen angesichts der Fülle an Informationen oft schwer, die Spreu vom Weizen zu trennen. Für das noch mühsamere Verknüpfen all dieser Informationen bleibt da im Managementalltag keine Zeit mehr. Und diese Zeit fehlt ganz durchgängig auf allen Managementebenen, nicht nur „oben".

Wissen entsteht durch Zusammenhänge

Wie wir wissen, steckt der Wertgehalt des Wissens nicht alleine in der Menge an Informationen, sondern in erheblichem Maße in deren Verknüpfung. Nur wer Zusammenhänge erkennt und für sich diese Erkenntnisse verwertet, kann flexibel handeln und innovativ sein. Dann liegt Wissen vor, wenn es gebraucht wird, und Entscheidungen können sofort getroffen werden.
Wer diese Zusammenhänge zwischen Informationen aber nicht sieht und ausnutzt, den bestraft – frei nach Gorbatschow – das Leben. Lukrative Marktchancen werden nicht entdeckt, potenzielle Kunden verkannt oder Projekte unnötig in die Länge gezogen. Unternehmerisch gesprochen: Viel Kapital wird einfach zum Fenster raus geworfen.
Vor allem bei der Durchführung und dem Controlling von Projekten spüren Manager dies am eigenen Leib. Wer kennt nicht die zeitaufwendigen Meetings und Telefonate, die ohne erkennbares Ergebnis bleiben, die Vielzahl an zu spät bekannt werdenden Änderungen, die in Projekten die Kosten steigen lassen, die unzähligen Stunden, die mit dem Schreiben oder Beantworten von Mails verbracht werden oder das Problem der sich immer wieder verschiebenden Endtermine?
Schlimmer aber noch sind die vielen Fragen, die aufgrund der Vielzahl von Einzelinformationen und deren Zusammenhänge nur unter hohem zeitlichen Aufwand beantwortet werden können. Wobei erschwerend hinzukommt, dass einige Fragen, obwohl wichtig, gar nicht erst gestellt werden, da die benötigten Zusammenhänge oft nicht explizit bekannt sind. Einige Beispiele:

- Welche Gemeinsamkeiten von Projekten können ausgenutzt werden, um Kosten zu reduzieren und Risiken zu minimieren?
- Wie können „Lessons Learned" und „Best Practice" zur Verminderung von Projektrisiken genutzt werden?
- Welche inhaltlichen Zusammenhänge existieren überhaupt?
- Gibt es gemeinsame Anforderungen [und Bedarfe]?
- Werden gleichartige Skills eingesetzt – möglicherweise sogar durch Zukauf externer Ressourcen?
- Sind ähnliche Produkte oder Prozesse das Ergebnis unterschiedlicher Projekte?
- Wie können die Erfahrungen aus dem operativen Geschäft in eine bedarfsgerechte Mitarbeiterentwicklung zur mittel- und langfristigen Effizienzsteigerung umgesetzt werden?

- Wie kann nach dem 80:20 Prinzip der Einsatz teurer externer Ressourcen durch interne Qualifikation reduziert werden?
- Welche Verbesserungen interner – auch verstärkt Soft- – Skills vermeiden Engpässe und helfen bei der zeitgerechten Durchführung von Projekten?
- Wo sind redundante Skills vorhanden, deren Zusammenführung freie Kapazitäten schafft?
- Welche marktrelevanten Anforderung an das Skillprofil des Gesamtunternehmens liefern aktuelle und abgeschlossene Projekte?

Erst die ganzheitliche Beantwortung dieser und weiterer Fragestellungen führt zur Lösung des eigentlichen Problems.

Um schnell handeln zu können, brauchen Manager heute dringender denn je auf einen Blick alle benötigten Zusammenhänge zwischen Informationen ihres eigenen Geschäftsumfeldes und ihrer Organisation. Sie möchten vorhandene Intransparenz auflösen, von Informationsmüll verschont bleiben, sowie in Analogie zu den Zusammenhängen pragmatische Lösungen finden und umsetzen.
Können wir ihnen dabei helfen, und zwar wirkungsvoller als mit den herkömmlichen IT-Mitteln? Durchaus! Und zwar mit einer Technologie, die wir aus Mathematik und Naturwissenschaften, vornehmlich aus der Physik, hergeleitet haben.

Mathematik zieht die Fäden im Hintergrund

Management und Naturwissenschaft sind beide auf Innovationen fokussiert. Sie wollen Zusammenhänge verstehen, durch das Bilden von Analogien neue Ansätze entwickeln, diese mit perfekt beherrschten Methoden effizient umsetzen und damit ihren Handlungsspielraum kontinuierlich, mitunter auch sprunghaft erweitern. Dabei agieren sie allerdings auf unterschiedlichen Ebenen. Während die Managementkompetenz als Macher auf der Bühne auftritt und die Geschäfte aktiv vorantreibt, zieht die Naturwissenschaft hinter den Kulissen die Fäden.
Der Naturwissenschaftler im Hinterkopf des Managers beobachtet, stellt die richtigen Fragen, erkennt die verdeckten Muster in Handlungen, abstrahiert, zieht Schlussfolgerungen und entwickelt daraus möglichst leicht handhabbare Werkzeuge wie etwa IT-Lösungen.

Mathematisches Verständnis hilft dem Manager beim Finden adäquater Lösungen. Die Naturwissenschaft liefert ihm das Handwerkszeug, um mit den richtigen Fragen die gesuchten Zusammenhänge zu erschließen. Diese stellen ihm das für seine schnellen Handlungen notwendige transparente Wissensnetz bereit.
Historisch war es schon immer die Aufgabe der Naturwissenschaft und der Mathematik, das Management oder die Herrschenden mit umfassenden Informationen zu versorgen.[1] Allerdings sind alle bisher entwickelten Werkzeuge stark verbesserungswürdig, da sie keine ausreichende Transparenz und bei weitem zu wenig Zusammenhänge zwischen den Informationen bieten. Was wir brauchen, sind „transparente Netze". Was ist konkret darunter zu verstehen?

Die Kraft der Transparenten Netze

In den meisten Firmen werden Informationen ausschließlich in Listen und Datenbanken gesammelt. Die Daten können dort zwar analysiert, eingeordnet und nach bestimmten Kriterien abgerufen werden. Durch die fehlende Verknüpfung der Informationen untereinander spiegeln sie aber nicht die Wirklichkeit wieder.
Diese Situation ist mit einem menschlichen Gehirn vergleichbar, das nur über die linke Gehirnhälfte arbeitet. Auch dann kann der Mensch zwar Details sehr gut erkennen und analytisch, logisch verarbeiten. Da er aber nicht das gesamte Bild sieht, also die Zusammenhänge zwischen den Details nicht erkennt, kann er sich kaum angemessen in seiner Umwelt zurechtfinden. Dafür braucht er die ganzheitlich denkende rechte Gehirnhälfte.
Analog dazu bräuchte das Management für ein erfolgsorientiertes Handeln die Fähigkeit, alle vorhandenen Informationen zu verknüpfen, um die dahinterliegenden Muster zu erkennen und aus den Zusammenhängen neue Lösungen zu entwickeln.

Genau das ist die Aufgabe transparenter Netze. Sie verhindern eine sinnlose Anhäufung von Informationen, indem sie Zusammenhänge herstellen, die Daten nach ihrer Bedeutung bewerten und Überflüssiges sofort herausfiltern. Das berühmte Sprichwort „Den Wald vor lauter Bäumen nicht sehen" ist mit ihnen passé. Denn statt bloßer Details sieht das Management das Ganze, also Wald und Bäume gleichzeitig, und kann dem entsprechend handeln.

---

[1] Eine Tatsache, auf die auch Hermann Schunck in seinem Beitrag hingewiesen hat.

Solche netzwerkorientierten Organisationen entstehen allerdings nicht über Nacht. Sie müssen von Zelle zu Zelle wachsen. Völlig neue Strukturen sind dafür aber nicht notwendig. Denn IT-Lösungen wie die von uns entwickelte Technologie infonea® sind gerade so konzipiert, dass sie das transparente Netz in kleinen überschaubaren Schritten entwickeln. Indem diese in den alltäglichen Arbeitsprozess der Menschen integriert werden, vernetzen sie nach und nach immer mehr Wissen. Frei nach dem Motto: Nichts zusätzlich, sondern anders machen.

Ohne Mitarbeiter geht nichts

Ich habe es schon angedeutet – transparente Netze führen erst dann zu Innovationen und verbesserten Arbeitsprozessen, wenn sie auf einer entsprechend vorbereiten Organisation aufsetzen und die Abläufe in einem Unternehmen auch für jeden Mitarbeiter nachvollziehbar machen. Dann sind sie ein wirksames Mittel, um dem noch immer weit verbreiteten Zurückhalten von Wissen entgegen zu wirken. Denn genießt das Erkennen von Zusammenhängen und Wechselwirkungen[2] Priorität, dann erkennt jeder Mitarbeiter sofort, dass die Firma und er selbst nur dann auf Erfolgskurs bleibt und jeder passende Antworten auf neue Fragen erhält, wenn das individuelle Wissen und neue Ideen schnell ausgetauscht werden.
Die Kommunikation mit anderen Mitarbeitern und externen Partnern wird effizienter und garantiert zudem jedem Einzelnen den Zugriff auf die für seine Arbeit benötigten Informationen.

Idealerweise basieren transparente Netze auf Intranetlösungen, die individuelle Benutzeroberflächen für jeden Mitarbeiter bereitstellen. Denn auf diese Weise lässt sich Wissen über das Geschehen im Betrieb auf Tastendruck und somit auf besonders einfache Weise mobilisieren und ohne Umschweife in Handlungen umsetzen.

Die - vergebliche - Suche nach der richtigen Vernetzung

Da tabellarische Daten wie Umsatz- oder Projektlisten ein grundlegendes Arbeitsmittel für Führungskräfte sind, wurden die Computertechnologien zunächst zur Entwicklung von Datenbanken vorangetrieben. Im Management bestand aber zunehmend der Wunsch, sehr große Datenmengen

[2] Wechselwirkungen beobachtet man in physikalischen Feldern; hier ist das in Ulrich Hirschs Beitrag dargestellte Unternehmensfeld gemeint.

interaktiv zu analysieren. Daraufhin entwickelten die Mathematiker das Online Analytic Processing (OLAP). Sowohl die Datenbanken als auch O-LAP sind allerdings durch die unzureichende Vernetzung der Informationen in ihrer Aussagekraft begrenzt.

Mit dem Datamining stellten die Naturwissenschaftler deshalb erstmals ein Werkzeug bereit, das selbstständig aus großen Datenmengen verborgene Korrelationen und Regeln ableiten konnte oder Daten in Gruppen mit ähnlichen Eigenschaften zerlegte. Eines der populärsten Beispiele für dieses Verfahren ist die Rubrik „Käufer dieses Buches haben auch folgende Bücher gekauft" des Online-Buchhändlers Amazon. Allerdings ist auch die Aussage dieses Verfahrens zweifelhaft. Denn für Datamining-Systeme gilt der Satz: Die Beziehung von Korrelation zu Kausalität ist Korrelation und nicht Kausalität. Im Geschäftsalltag wird das jedoch häufig vergessen. Und Manager erwarten vom Datamining Ergebnisse, die es nicht liefern kann – frei nach dem Motto: Wenn Theorie und Praxis nicht übereinstimmen, umso schlimmer für die Praxis.

Ein weiterer Versuch, Verknüpfungen von Informationen zu erkennen, sind statistische Suchsysteme zum Durchforsten von Texten etwa nach bestimmten Wörtern. Fast jeder Manager greift darauf bei Internet-Suchmaschinen oder in Online-Bibliotheken zurück. Die Grenzen dieser Systeme liegen allerdings darin, dass die Statistik den Inhalt der Texte nicht versteht. Auf den Suchauftrag „Jahr 2000" und „zuständig" wird das Suchsystem zum Beispiel auch die Mail mit dem Inhalt „Bitte keine Fragen mehr zum Jahr-2000-Problem. Ich bin nicht zuständig." herausfiltern. In einem anderen Beispiel existiert in einem Wörterbuch plötzlich „oderin" als die weiblichen Form von „oder", weil ein fehlerhafter Beispielsatz „... *oderin* anderer Weise..." in den Datenbestand eingebracht wurde.
Andere Verfahren zur Analyse von Bildern, Filmen, Musik oder Sprachaufnahmen stehen vor einem ähnlichen Problem.

Auf solche Wahrscheinlichkeiten kann sich das Management nicht verlassen. Es braucht präzise und exakte Antworten. Schließlich zeichnet sich die Funktionsweise des menschlichen Gehirns ja gerade dadurch aus, dass es keine langen Tabellen oder Texte detailgenau speichert oder Bilder pixelgenau erinnert und diese einfach durchforstet. Es macht den Menschen erst dadurch zu einem intelligenten Wesen, dass es alle Informationen miteinander vernetzt. Mit dem Netz im Kopf kann jeder sofort nach Gegensätzen, Ähnlichkeiten, Verfeinerungen, Abstrahierungen, Vorher-Nachher, Ursache-Wirkung etc. unterscheiden.

Da Wissen durch Vernetzung von Informationen entsteht, sollte das Internet für das Management eine willkommene Erfindung sein. Denn zum ersten Mal konnte damit eine riesige Zahl von Informationen von und für jedermann leicht verknüpft werden.
Doch auch diese Entwicklung hat einen Haken: Die Möglichkeiten der Vernetzung werden nur zu einem sehr geringen Teil ausgeschöpft. Fast alle existierenden Ansätze beschränken sich darauf, von einer Stelle im Wissensnetzwerk ausschließlich in die nähere Umgebung zu blicken.
Bestes Beispiel dafür sind die so genannten Hyperlinks im World Wide Web. Sie leiten den Internetnutzer zwar von einer Information zur nächsten, Zusammenhänge werden dabei allerdings nur selten hergestellt. Wer nämlich diesen Wegweisern folgt, verliert schnell Bezug zum eigentlichen Fokus der Suche.
Hinter jedem neuen Hyperlink erscheint eine eigenständige Information, die oft nur noch am Rande mit der Ausgangsseite in Beziehung steht. Da es oft auch keine Verbindung zurück zur Ausgangsseite gibt, gehen leicht fünfzig Prozent der Informationen verloren. Bei langen Internetseiten ist es dem Leser zudem meist unmöglich, allen Wegweisern zu folgen. Dadurch bleiben weitere neunzig Prozent der Vernetzungsinformationen ungenutzt. Mit etwas Pech ist darüber hinaus die eigentlich interessante Information nicht auf der Zielseite, sondern erst über einen weiteren Link zu finden. Und gerade das Internet bringt hier noch eine weitere Schwierigkeit mit sich. Da in ihm Informationen dezentral verwaltet werden, kann der Wechsel von einer Seite zur nächsten auch eine völlig andere Interpretation der Informationen mit sich bringen.

Bildlich gesehen entspricht das Internet damit einer lose verbundenen Ansammlung von Stadtplänen ohne Navigationssystem, die nur eine grobe Orientierung über das gesamte von ihnen umspannte Gebiet liefern. Im ersten Schritt beginnt der Internetnutzer mit einer Karte, die ihm den Weg aus der Stadt weist. Die daran andockende Vielzahl an weiteren Karten zeigt ihm dann den Weg zu den nächstgelegenen Orten. Von dort aus muss er sich durch weitere Karten durchforsten, bis er mehr oder weniger zufällig sein gewünschtes Ziel erreicht.

Interaktive Vernetzung gefragt

Der Geschäftsalltag stellt jedoch ganz andere Anforderungen an Vernetzung. Manager verlangen präzise und umfangreiche Daten über ihr Geschäftsumfeld. Sie wollen nicht nur wissen, bei welchen ihrer Kunden sie Projekte durchführen und wer dort Ansprechpartner ist. Sie wollen auch

Kenntnis darüber haben, zu wem ihre Kunden gehören, wie sie wirtschaftlich da stehen und wie sie in ihrer Branche positioniert sind. Zudem fordern sie die Kenntnis, welche ihrer Mitarbeiter an einem Projekt beteiligt sind, wie die Abteilungen zusammenarbeiten und in welchen Unternehmensteilen sie organisiert sind. Hier hilft eine rein statistische Analyse offenbar wenig. Deshalb sind heute mathematische Ansätze wie die transparenten Netze gefragt, die eine effiziente Vollnetzsuche und Bewertung von großen Mengen von Informationen interaktiv ermöglichen.

Am besten kann man sich ein transparentes Netz wie eine Landkarte des vorhandenen Wissens vorstellen, die nicht nur die Stadtpläne, sondern auch alle Verbindungen enthält. Das Ziel klar vor Augen, erlaubt sie eine Vielzahl von Aussagen wie etwa über den Verlauf weiter Streckenabschnitte oder alternativer Wege von Ort zu Ort.
Das transparente Netz hilft auch, lose oder noch gar nicht sichtbare Bezüge zwischen Informationen zu finden; es zeigt fehlende Informationszusammenhänge auf und es bietet einen Maßstab für die Entfernung oder Fahrzeit zum Ziel. Es ist dieser vorausschauende Blick, der unnötige Umwege und das Einbiegen in Sackgassen verhindert. Es liegt immer ein Ergebnis vor, da mit jedem Mausklick alle nur erdenklichen Kombinationsmöglichkeiten automatisch berechnet werden. Dabei kann der Nutzer mit Blick auf seinen Anwendungsfall selbst wählen, aus welcher Sicht er die Informationszusammenhänge betrachten möchte.

Auf besonders überzeugende Anwendungsbeispiele für transparente Netze können wir im Umfeld von Multiprojektmanagement verweisen. Vor allem die Komplexität der Informationszusammenhänge lässt sich hier mit transparenten Netzen ideal bewältigen.
Im Rahmen des Multiprojektmanagementsystems können Projekte zum Beispiel *jederzeit* mit den Anforderungen und Prozessen des gesamten Unternehmens vernetzt werden. Dabei analysiert das transparente Netz für alle Projekte *gleichzeitig* deren Informationszusammenhänge mit vorhandenen Daten zu Kosten, Risiken, Qualität, Bedarfstypen, Prozessunterstützung, Verantwortlichkeiten, Laufzeit, Schnittstellen, Beschaffung, IT-Anwendungen, Stati etc.
Derartige Analysen und Recherchen dauern nur wenige Minuten. Sie liefern umfangreiche Informationen, mit denen die weiteren richtigen Schritte schnell und kostengünstig eingeleitet werden können. Ohne ein transparentes Netz und das Bereitstellen von Zusammenhängen wäre dies nicht möglich. Denn tagelange Meetings, Telefongespräche oder Mails können nie garantieren, dass die Manager von allen relevanten Verbindungen und Zusammenhängen erfahren.

Dieses hier aus Platzmangel lediglich angedeutete Beispiel lässt erkennen, dass für den Erfolg eines Unternehmens es heute von entscheidender Bedeutung ist, das vorhandene Wissen über den Markt und die internen Prozesse an der richtigen Stelle und „just in time" transparent zu haben. Nur so können Produkte und Dienstleistungen hoher Qualität angeboten werden, mit denen eine Differenzierung am Markt möglich ist. Und das ist allem voran der Mathematik zu verdanken. So steckt hinter dem guten Geist, der die drei Wünsche des Managers erfüllt, letztlich der Mathematiker!

Norbert Wielens

Norbert Wielens ist Mathematiker mit Diplom der Universität Bielefeld. Zudem hat er als Nebenfach Physik studiert und kann einen Abschluss des Ersten Staatsexamens für das Lehramt in der Sekundarstufe II in den Fächern Mathematik und Physik vorweisen. Einer Universitätskarriere zog er einen Wechsel in die Privatwirtschaft vor.

Seit 1984 ist Norbert Wielens in IT- und Produktionsbereichen an verschiedenen Standorten von Procter & Gamble tätig. Zur Zeit (2003) ist er verantwortlich für die Einführung von SAP-R/3-basierten Supply-Chain-Lösungen in den europäischen Procter & Gamble Werken und Distributionszentren.

Um die Wellenbewegung von Standardisierung und Kreativität geht es in dem nachfolgenden Beitrag. Einerseits unterstützt die Informationstechnologie das normale Business, dass immer effizienter und fehlerfreier abgewickelt werden soll, und andererseits gibt es neben dem reibungslos Laufenden den Drang zur Veränderung und zur Erneuerung, die dann wiederum in standardisierte Prozesse mit größerer Effizienz hineinmünden. Die Interdependenz zwischen Standardisierung und Kreativität spiegelt die beiden wesentlichen Komponenten der Mathematik und auch des Managements wider – ´mal steht konsequente Disziplin obenan, ´mal ist mehr Kreativität gefragt.

Standard versus Kreativität

Zur Dualität in der IT

Norbert Wielens

Die Dualität des Neuen und des immer Gleichen

Bei Procter & Gamble werden, wie in anderen großen Konzernen auch, IT-Technologien in zweierlei Richtung eingesetzt, grob gesagt standardisiert und spezifisch. Ich denke, in der einen Richtung ist das offensichtlich - die Tatsache, dass wir in gewissen Bereichen mit Standardsoftware arbeiten, dient einfach dazu, gewisse Geschäftsabläufe im Unternehmen, insbesondere im Logistikbereich, effizienter zu gestalten.

Auf der anderen Seite sehe ich die Möglichkeit, dass es uns neue technologische Entwicklungen in der Datenverarbeitung erlauben, das Geschäft nicht nur besser als bisher, sondern möglicherweise ganz anders zu gestalten, als wir das früher gemacht haben. Das geht hin bis zu neuen Ideen, die es uns ermöglichen, radikal neue Geschäftsfelder zu erschließen und zu beackern – Geschäftsfelder, die bisher brach lagen, die vielleicht uninteressant schienen oder deren Erschließung erst mit neuer Technologie kostengünstig möglich ist. Darüber hinaus kommen wir im Marketingbereich und in der Produktentwicklung zu neuen Formen, die technologisch adäquat abgebildet oder unterstützt werden müssen.

IT geht also durchaus in beide Richtungen, mit wechselseitigen Beziehungen. Einerseits unterstützt IT das normale Business, dass immer effizienter und fehlerfreier abgewickelt werden soll. Andererseits gibt es neben dem reibungslos Laufenden den Drang zur Veränderung und zur Erneuerung.
Einerseits geht es dabei also um eine gewisse Genauigkeit, mit der die Probleme angegangen werden. Dies wird erreicht durch datenbasiertes Arbeiten, bei dem das Entscheiden aus dem Bauch heraus keinen Platz mehr hat. Andererseits geht es um Kreativität! Sie ist erforderlich, wenn man Neues erkennen will oder wenn Aufgaben in individueller Weise bearbeitet werden sollen. Ich will versuchen, diese Dualität anhand von Beispielen aus meinem Arbeitsumfeld zu erläutern. Es ist ein Umfeld, in dem die beiden wesentlichen Komponenten der Mathematik zusammentreffen. Wir wenden strenge Methoden zur effizienten Strukturierung von Proble-

men und Optimierung von Lösungen an, aber wir gehen auch neue Wege: Wir erproben neue Gedanken und neue Methoden, wir denken uns in neue Geschäftsfelder ein.

Neue Geschäftsformen im Web

Das wird in der ganzen „Webifizierung" offensichtlich. Das Web ist ein besonders signifikantes Beispiel dafür, wie sich durch neue IT-Entwicklungen auch vollkommen neue Geschäftsmöglichkeiten ergeben können. Im Zeitalter einer Vernetzung, in dem allmählich jeder Haushalt im Prinzip einen Webzugang hat, muss sich jedes Unternehmen neu überlegen, ob es zum Beispiel das Marketing mithilfe dieses Instrumentes in einer ganz anderen Form durchführen kann. Können Konsumenten auf ganz andere Art und Weise erreicht werden, als das klassisch bis vor ein paar Jahren geschah?

Wir haben eine Zeitlang im Internet versucht, mit einer virtuellen Marke (die es also in Wirklichkeit nicht gegeben hat) Erfahrungen zu sammeln. Wir ließen Konsumenten virtuell Parfüme zusammenstellen und waren auf die Reaktionen gespannt. Solche Versuche sind dann aber eher an mangelnder Resonanz „gestorben". Trotzdem haben wir eine ganze Menge im neuen Umfeld gelernt. Wir sind nämlich unsicher geworden, ob die klassischen Marketingformen ihre Bedeutung behalten werden. Fernsehen und Printmedien kommen bei den Kunden immer weniger gut an. Die Werbeunterbrechungen etwa bei RTL oder SAT1 nehmen so große Ausmaße an, dass die Konsumenten sich zunehmend in andere Programme hineinzappen, wenn ein Werbeblock beginnt. Das sehe ich ja an mir selbst am besten. Es nervt. Mit anderen Worten, ein Konsumgüterhersteller wie Procter & Gamble muss sich einfach überlegen, ob es sich lohnt, für relativ teures Geld einzelne Werbeminuten einzukaufen, oder ob es nicht cleverere Möglichkeiten gibt, das Geld einzusetzen.

Zusammenarbeit mit SAP

Als ein weiteres typisches Beispiel für diese Interdependenz zwischen Standardisierung und Kreativität führe ich unsere Zusammenarbeit mit SAP in verschiedenen Bereichen an. Wir haben diese Zusammenarbeit bereits im Jahre 1987 begonnen, um sicher zu gehen, dass alles entscheidend und strategisch Wichtige auch von Systemen, wie sie SAP bereitstellt, abgebildet werden kann. Wir versuchen also, dass Neue gleich zusammen mit SAP zu entwickeln, damit es möglichst gut passend in die Standards der nächsten Generation einfließt. Da gibt es eine ganze Palette von Zusammenarbeitspunkten, von Optimierung bis hin zu Schnittstellenmanagement. Wir können so das Neue für alle unsere Werke gleichzeitig zu einem neuen Standard machen, den wir dann weiter und weiter ausbauen können.

IT führt hier also das Neue in standardisierte Prozesse hinein. Das Neue wird somit normativer Teil unseres Lebens.

Abschaffung des klassischen Vertriebs

Zum anderen versetzen uns neue IT-Entwicklungen aber auch in die Lage, Bereiche wie zum Beispiel Marketing und Vertrieb – wie schon erwähnt – sehr stark zu verändern. Marketing und Vertrieb sind das Nadelöhr zwischen der Produktion und dem Kunden. Bis vor kurzem sammelten die klassischen Vertriebsmitarbeiter ihre Aufträge ein – ein aufwändiges Verfahren, dass sehr stark von der persönlichen Qualität der Mitarbeiter getragen wird. Heute muss sich praktisch jedes Unternehmen fragen, ob das Internet nicht andere, insbesondere direktere Verbindung zum Kunden ermöglicht. Die Kernfrage ist: Welche Zwischenstufen zum Kunden brauchen wir noch? Könnten wir nicht Konsumenten Direktbestellungen erlauben? Wollen unsere Konsumenten das so? Diese Überlegungen haben bei uns zur Etablierung einer komplett neuen Produktsparte geführt („Commercial Products").

Procter & Gamble verkauft ja nicht nur 5-Kilo-Ariel-Pakete über Supermärkte an Endkunden. Wir erzielen einen erklecklichen Umsatzanteil mit Kunden, die nicht über den Handel bedient werden oder nicht über ihn bedient werden müssen. Man denke etwa an alle die vielen Hotels, Altersheime und Krankenhäuser, die unsere Produkte, etwa Seifen oder Shampoos, in ganz anderen Gebinden beziehen wollen. Können wir dieses Geschäft für uns und unsere Kunden effizienter und beidseitig zufriedenstellender gestalten, indem wir die Zwischenhandelsstufen ausschalten und die Versorgung mit Produkten internetgesteuert möglich machen? In diesem Bereich erleben wir heute tiefe Einschnitte in unserer Vertriebsorganisation und eine große Effizienzsteigerung, von der alle profitieren.

Consumer Driven Supplying Network

Lassen Sie mich ein anderes Beispiel geben, wo es noch immense kreative Möglichkeiten gibt, die Handelslandschaft tiefgreifend zu verändern. Die IT-Technik kennt die sogenannten „Smart Tags", das sind ganz kleine Mikroprozessoren, die wie ein Pflaster irgendwo aufgeklebt werden können. Die gibt es schon seit längerer Zeit. Ihre Verwendung hängt aber stark von ihrem Preis ab. So langsam wird für uns eine Verpackung kaum teurer, wenn wir solche intelligenten Schilder auf jede Produkteinheit kleben. Das Problem der Gesamtkosten liegt heute eher in den Systemen, die die Daten einsammeln, die diese Smart Tags abgeben.
Im Prinzip können wir nun wissen, wo was wie lange in der ganzen Handelskette steht. Und zwar „real time". Wir wüssten, wann ein Produkt von uns in einem Supermarkt ausverkauft ist („out of stock"), wir wüssten, dass im Hinterhof noch eine Palette davon steht – deshalb könnten wir am Regal oder auf einem Terminal mit Rotlicht blinken und eine Order geben, was zu tun wäre. Wir würden den Zustand der gesamten Lieferkette („Supply Chain") bis auf jede einzelne Produkteinheit kennen. Wo wird noch wie viel gebraucht? Wo muss jetzt was hin? Wir liefern normalerweise von unserem Verteilzentrum an die Verteilzentren des Handels, die liefern an das Geschäft. Wieder stellen wir die Frage: Geht das direkt? Bei welchen Größenordnungen lohnt sich das? Wie organisieren wir die effizientesten Prozesse in diesem ganzen „Supply Chain Network"?
Heute ist das noch nicht möglich, da die ganze IT-Landschaft vom Hersteller über den Großhandel und Handel noch nicht durchgängig vernetzt ist. Die neuen Lösungen sind aber in Reichweite. Das sind ganz neue Dimensionen von Möglichkeiten – heute bekommen wir manchmal nur alle vierzehn Tage Abverkaufsmeldungen. Im Vergleich zu morgen denkbaren IT-Lösungen sind wir heute fast blind. Insbesondere hat ein Produkthersteller kaum einen Blick auf den wichtigsten Akteur in der Kette: das ist der Konsument! In einem durchgängigem Supply Chain Network könnten wir buchstäblich „real time" in der Produktion sehen, wenn Sie als Konsument einen Ballen Pampers aus dem Regal nehmen. Wir haben damit die Vision, dass die Lieferkette nicht von der Produktion angetrieben wird, so als würden Pampers auf den Markt gepumpt. Wir sehen Sie am Regal, wie Sie unsere Produkte brauchen. Wir produzieren dem Kunden nach. Das wäre dann ein ideales Consumer Driven Supplying Network.
Nirgends mehr wären Todpunkte in der Kommunikation, nie mehr müssten Datensätze nach tagelangem Sammeln und Konsolidieren hin und her geschoben werden.
Dieser Artikel hier erscheint ja in einem Buch. Wer ein Buch schreibt, bekommt bestenfalls alle paar Monate einen Auszug, wie viele Exemplare

verkauft worden sind. Ein Autor weiß buchstäblich nichts über den Gang seines Werkes, genau wie eine Produktion ohne Supply Chain Daten. Die Verlage wissen ebenso nicht, wie ihre Produktion langsam über den Buchgrosso und die Buchhandlungen versickert. Weiß der Verlag, ob er noch vor Weihnachten nachdrucken muss? Wenn aber der Autor und der Verlag „real time" jeden Abverkauf mit Adresse der Buchhandlung per E-Mail bekäme? Da wäre ihnen viel geholfen, weil sich aus den Detaildaten eine Menge Rückschlüsse ziehen lassen.

Bei Procter & Gamble sind wir also ständig bemüht, die Datenbarrieren einzureißen und den Datenaustausch zu intensivieren. Wir sind dann irgendwann mit unserem Computertastsinn direkt am Regal, wenn Sie ein Waschmittel kaufen. Und wir wollen uns auf das Problem konzentrieren, Sie dahin zu bringen, dass dieses Waschmittel eines von uns ist. Wir bemühen uns, es zu einem vernünftigen Preis und in Extraqualität vorrätig zu haben.

Diese ganze große Problemstellung ist mit den Fremdworten „Consumer Driven Supply Network" gemeint. Welche Lösung ist optimal? Es gibt da sehr viele Möglichkeiten, und wir können ja nicht einfach eine wählen, die uns gut gefällt – das ganze Netzwerk aller Beteiligten muss ja mitbestimmen.

Dies ist ein Beispiel, in dem die IT zu einem ungeahnten Maß an Kreativität herausfordert. Die IT bietet uns das naive Vorstellungsmodell, dank Smart Tags und Datensystemen praktisch alles zu wissen. Nun erhebt sich die Frage: Was machen wir damit? Was müssen wir wirklich wissen? Wie gestalten wir Firmen, die alle Teil des Supply Netzwerkes sind, die neuen Prozesse? Können wir vielleicht mit den Daten etwas radikal Neues anfangen? Elektronische Rabattkarten? Dann würden wir sogar Sie persönlich kennen. Und dann – so angenehm das jetzt für uns ist – was machen wir wieder mit dieser Information? Es gibt in der IT Zeiten, in der fast beliebiger Spielraum für das Neue herrscht.

Wenn sich langsam Vorstellungen bilden, wie die Zukunft auszusehen hat, muss natürlich unser kreativer Teil wieder zurückstehen und in die zweite Reihe. Dann wird die neue Zukunft in einer nächsten Welle standardisiert und effizienter gemacht. Es ist so eine Wellenbewegung. Mal ist mehr Kreativität, mal mehr konsequente Disziplin gefragt. Es gibt aber auch vollkommen neue IT-Entwicklungen, bei denen überhaupt keine Kreativität verlangt ist. Das gibt es auch. Immer dort, wo es einen Bedarf gibt, gewisse Prozesse möglichst effizient durchzuführen – dort bin ich mit Standardlösungen relativ gut bedient, es kommt da nicht auf Kreativität an.

Die Mathematik und ich

Die Rolle der Kreativität in der IT habe ich wohl schon deutlich machen können. Da hilft mir sicher die mathematische Vorbildung. An gewissen Stellen tritt die Mathematik sogar ganz direkt auf, wenn wir Planungs- und Optimierungsprozesse implemtieren.
Wenn wir etwa mit SAP-APO („Advanced Planner and Optimizer") arbeiten, sollten wir ja verstehen können, wie solche Werkzeuge von der Mathematik her konzipiert sind, damit wir sie richtig einsetzen können. Gerade die Optimierungsalgorithmen wollen sehr sorgfältig eingestellt sein, damit sie gute Ergebnisse erbringen. Ich brauche Mathematikkenntnisse, um das Geschäft im SAP so abzubilden, dass ich es hinterher auch mit den zur Verfügung stehenden Algorithmen optimieren kann. Mathematik hilft mir bei vielen abstrakten Fragestellungen: Wie viele Verteilzentren brauchen wir? An welcher Stelle bauen wir neue? Ich löse diese Fragen nicht selbst, dafür sind natürlich Spezialisten zuständig, aber es ist sehr fruchtbar für die Projekte, denke ich, dass ich eine entsprechende Vorbildung mitbringe.

Es gibt noch viel mehr kleinere, nicht so genau mathematische Fragestellungen, für die das mathematische Grundverständnis sehr fruchtbar ist. Ein gewisser sicherer Umgang mit Statistik hilft enorm, auch das analytische Vermögen, ein Problem strukturieren zu können. Ich bringe eine gewisse Beharrlichkeit aus der Mathematik mit, ein Problem wirklich bis zum Ende zu lösen. Ich gebe nicht so schnell auf.

Man sagt ja, Mathematiker seien keine Teamarbeiter. Hmmh. Das mag wohl sein. Für mich selbst trifft es allerdings nicht zu. Ich habe während meines gesamten Mathematikstudiums eigentlich immer nur im Team gearbeitet. Michael Röckner, der heute ordentlicher Mathematikprofessor ist, und ich, wir haben eigentlich immer gut zusammengearbeitet. Es gab noch zwei, drei, vier Leute, die dann außerdem dazugekommen sind. Ja, wir haben eigentlich immer im Team gearbeitet.
Es war allerdings nicht so, dass wir immer zusammengehockt wären und alles gemeinsam gemacht hätten - nein, wir haben uns prachtvoll ergänzt. Jeder hatte seinen Bereich, in dem er gearbeitet hat, und wenn Fragen da waren, dann kamen wir zusammen und haben versucht, diese Fragen gemeinsam zu beantworten. Das ist eigentlich die Art und Weise

der Teamarbeit, die ich auch schätze. Es macht keinen Sinn, ständig nur zusammen zu sitzen und zu versuchen, alles immer gemeinsam zu machen. Es ist wichtig, glaube ich, im Team an Probleme heranzugehen, um eine gewisse Strukturierung des Problems zu finden und um Absprachen zu treffen, wie das Problem angegangen wird und wer was macht. Dann aber sollte es Freiräume geben oder eigene Verantwortungsbereiche. In diesem Teamsinne habe ich das Mathematikstudium erlebt.

Dr. Dieter Pütz

Dieter Pütz studierte Mathematik an der RWTH Aachen und war im Anschluss an das Studium von 1990 bis 1994 Wissenschaftlicher Angestellter am Institut für Geometrie und Praktische Mathematik der RWTH Aachen.
Im Herbst 1994 wechselte er als Angestellter zur Deutschen Post (DP AG); die Promotion im Frühjahr 1995 stand kurz bevor.
Zunächst war Dr. Pütz in verschiedenen Funktionen bei der Briefpost beschäftigt, darunter ein Jahr lang als Niederlassungsleiter in Suhl. Von Anfang 1999 bis Ende 2001 schloss sich eine dreijährige Tätigkeit als Kaufmännischer Geschäftsführer der Deutschen Post Transport GmbH an (nach dem Merger mit Danzas: Mitglied der Geschäftsführung von Danzas Euronet)
Seit Januar 2002 ist Dieter Pütz Abteilungsleiter IT-Strategie und Budgetplanung in der Zentrale der Deutschen Post World Net in Bonn.

Man muss nicht Insider sein um zu wissen, dass in Logistikdienstleistungen viel Mathematik steckt. Zum Beispiel helfen Algorithmen entscheidend bei der Berechnung und Auslastung von Ladekapazitäten und bei der Festlegung kürzester Routen. Doch damit nicht genug – wie Dieter Pütz aufgrund eigenen Mitwirkens weiß und für uns in seinem Beitrag darstellt, spielt die Mathematik auch im Management der Fusion zweier Logistikdienstleistungsunternehmen eine zentrale Rolle.

Merger als Chance zur Steigerung des Unternehmenswertes

Dieter Pütz

Für die Unternehmensentwicklung gehört die Mathematik und ihre Methoden sicher nicht zu den zentralen Impulsgebern. Jedoch können Mathematiker mit ihrem Talent zur strukturierten Analyse und ihrer Fähigkeit, in abstrakten Welten zu denken, das Management wichtiger Prozesse der Unternehmensentwicklung erfolgreich voranbringen. Dies zeigt das folgende Beispiel eines Integrationsprozesses von zwei Unternehmen.

Integration als Chance zur Optimierung

Die Akquisition und Integration von Unternehmen stellt gerade in den letzten Jahren weltweit eine Methode zur Stärkung der Wettbewerbsfähigkeit von Unternehmen dar. Gerade im überaus fragmentierten Transportlogistikmarkt, mit 40.000 Unternehmen allein in Deutschland, findet durch Unternehmenszusammenführung (merger) zur Zeit eine starke Marktbereinigung statt. Ich selbst war im Jahr 2000 als Geschäftsführer und später Chief Integration Officer eines solchen Merger von zwei Unternehmen der Deutschen Post World Net-Gruppe verantwortlich. Im Anschluss daran war ich an einem Prozess der Ablaufoptimierung beteiligt. Darüber will ich berichten.

Nachdem das Top-Management sich über den Merger einig war, begann die arbeitsintensive Phase. Die Erfahrung zeigt, dass die Zeit direkt nach dieser Entscheidung (Postmerger-Integration) kritisch für den Erfolg der Zusammenführung ist.
Dieser Zeitraum birgt andererseits eine besondere Chance, Verbesserungen oder Neustrukturierungen von betrieblichen Abläufen und Veränderungen unter den Mitarbeitern vorzunehmen, die sich im betrieblichen Alltag ungleich schwerer umsetzen lassen. Ein besonders wichtiger Aspekt dabei gilt der Effizienzsteigerung, die durch die Optimierung der Prozesse angestrebt wird. Gerade in der vom Wettbewerb stark geprägten Transportlogistikbranche ist kontinuierliche Geschäftsprozessoptimierung notwendig und bringt, richtig ausgeführt, einen klaren Wettbewerbsvorteil.

Prozesse als Teil der Unternehmensentwicklung

Bevor wir im nächsten Kapitel auf die Prozessoptimierung selbst eingehen, wollen wir diese in die Prozesse der Unternehmensentwicklung einbetten. Die folgende Abbildung beschreibt die Gesamtentwicklung nach der Zusammenführung als Folge von Schritten, die insgesamt eine spiralförmige Form darstellen:

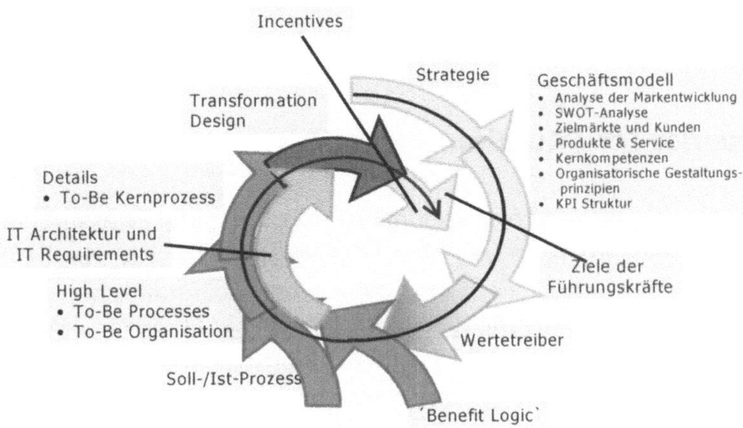

Abbildung: Die Unternehmensentwicklung von der Strategie zu den Einzelzielen der Führungskräfte

Ausgehend von einer langfristigen Strategie, in der die wesentlichen Maßnahmen zur Ausrichtung des Unternehmens festgehalten werden, definiert sich die Unternehmensleitung ein Geschäftsmodell und legt die Unternehmensziele fest. Im vorliegenden Fall hat eine weitreichende Standardisierung der Dienstleistung hohe Bedeutung für den Erfolg des Geschäftsmodells.

Wichtiges Eingangsprodukt für die Optimierung der Prozesse ist eine klare Sicht auf die wichtigsten Wertetreiber und deren Wirkungsweise im Gesamtzusammenhang („Benefit Logic"). Liegen diese Analysen und die Festlegungen über das Geschäftsmodell des Unternehmens vor, so beginnt die Prozessoptimierung und die Entwicklung der IT -Architektur. Auf die detaillierte Konstruktion der Kernprozesse (Wertschöpfung in engerem Sinne) und die Entscheidung über die Organisation baut das Transformations-Design auf. In diesem Schritt wird die Migration des Unternehmens durchgeführt. Im Merger wird bei diesem Schritt aus zwei Unternehmen ein Neues. Den Abschluss der Unternehmensentwicklungsprozesse bildet die Definition des Systems zur Incentivierung der Mitarbeiter, sowie die Festlegung der Einzelziele der Führungskräfte.

Gerade für die Implementierung der Kernprozesse ist es von Bedeutung, dass die verschiedenen Prozesse der Unternehmensentwicklung durchgeführt werden und ineinander greifen. Fehlt einer dieser Prozesse oder ist er nachlässig ausgeführt, stellt dies die Wirkungsweise der nachfolgenden Prozesse und damit das gesamte Transformationsvorhaben in Frage.

Analyse der Ist-Situation

Ausgangspunkt einer Prozessoptimierung kann eine Erfassung und Bewertung der Ist-Prozesse und der Personalsituation sein. Hierbei werden die Hauptdefizite identifiziert. Im Sinne einer systematischen Organisationsentwicklung sind sie für die Entwicklung des Managementteams von Bedeutung („Sense of urgency"). Insgesamt sollte jedoch nicht übermäßig viel Zeit für diese Phase verwendet werden, da sonst die Gefahr besteht, dass die Veränderungsbereitschaft sinkt.

Im vorliegenden Fall wurden die Hauptdefizite erfasst, an Hand der „Benefit Logic" bewertet und dann in die Prozessoptimierung eingebracht. Davon seien hier nur einige exemplarisch genannt:

- Am Beginn der Wertschöpfungskette, also im Vertrieb, gab es nach dem Zusammenschluss der beiden Unternehmen die Situation, dass Angebote an den Kunden von zwei Stellen aus erfolgten, die inhaltlich weitestgehend unabhängig voneinander arbeiteten. Die Zusammenarbeit dieser beiden Vertriebsorganisationen mit dem Betrieb war nicht optimal; so gab es bei der Angebotserstellung keine Prüfung durch den Betrieb beziehungsweise nach Implementierung kein systematisches Feedback an den Vertrieb.

- Im nächsten Schritt der Wertschöpfungskette, dem Einkauf von Transportleistungen bei Subunternehmern, gab es zu diesem Zeitpunkt unklare Zuständigkeiten zwischen der Zentrale (Einkäufer) und den Niederlassungen (Disponenten). Das Zusammenbringen von umfangreichen Mengen im Einkauf ist einer der Hauptwertetreiber (economy of scale). Aufgrund fehlender Prozessbeschreibungen fehlte es an einer klaren Regelung der Zuständigkeiten zwischen den Niederlassungen und der zentralen Stelle zur Sicherung der Dienstleistungsqualität („Customer Care Center"), um Ineffizienzen zu vermeiden.

- Ein weiterer Hauptwertetreiber stellt die so genannte Fahrplanoptimierung dar. Hier werden Optimierungspotentiale vernichtet, wenn nicht ganzheitlich geplant wird oder wenn es einer späteren manuellen Überarbeitung des Planungsergebnisses bedarf, weil durch den Kunden zu einem späten Zeitpunkt Mehrbedarfe angemeldet oder Stornierungen vorgenommen werden.

Nach diesen vorbereitenden Arbeiten erfolgt der Einstieg in den eigentlichen Veränderungsprozess.

„Benefit Logic" und Prozessmodellierung

Wie oben schon erwähnt, stellt die so genannte „Benefit Logic" eine wichtige Orientierungshilfe bei der Selektion der Aktivitäten zur Prozessverbesserung dar. Sie stellt einen Zusammenhang zwischen dem Vorgang der Prozessoptimierung und dem Unternehmensergebnis dar, indem sie der Frage nachgeht, welche Veränderungen den größten Unternehmenswertzuwachs bringen.

Die Prozessoptimierung wird dann derart vorgenommen, dass sie unmittelbar auf die wesentlichen Kostenarten (Kosten für Transportdienstleistungen, Personalkosten sowie IT-Kosten) und mittelbar über die Qualität der Dienstleistung auf einen Umsatzzuwachs hinwirkt.

Der kreative Teil des Gesamtvorhabens ist die Prozessmodellierung. Hierbei empfiehlt sich ein Vorgehen vom Groben ins Detail. Ausgangspunkt der Modellierung sind die Ziele, die man bei der Strategiefindung definiert hat sowie Überlegungen, die das Geschäftsmodell (etwa: Was ist unser Kerngeschäft?) definieren.

Erstes wesentliches Ergebnis ist das sogenannte „High level process model" in dem anhand einer Übersicht der grobe Prozessablauf dargestellt wird. Über den Prozessablauf hinaus legt man den Input und Output jedes Prozesses sowie seine wichtigsten Teilprozesse fest.

Im Ergebnis unterscheiden wir die Kernprozesse, Führungsprozesse (Managementaufgaben) sowie die Unterstützungsprozesse (Verwaltung und IT - Betrieb). Die Kernprozesse lassen sich noch in taktische und operative Prozesse aufteilen. Hierbei wird vor allem danach unterschieden, ob die eigentliche Leistung erbracht werden soll (operativer Anteil) oder ob dieser Vorgang zur Optimierung der Leistungserbringung („trimmen") dient.

Als nächsten Schritt bei der Prozessmodellierung erfolgt nun eine Konstruktion der Teilprozesse in jedem dieser „High level processes". Auch hierbei definiert man wieder den Teilprozessablauf, den Input und Output sowie die wichtigsten Unteraktivitäten. An dieser Stelle kann man nun schon einmal IT-Systeme zur Unterstützung dieser Aktivitäten notieren.

Der Implementierungsprozess

Als letzte Phase der Prozessoptimierung erfolgt nach der Prozessmodellierung die Implementierung der neu entwickelten Prozesse. Während sich mit der Modellierung eine kleine Gruppe von Experten beschäftigt, ist der Implementierungsprozess ein Prozess zum Management der Veränderung (Change Management), der das gesamte Unternehmen erfasst.

Diese Phase des Merger wird vordergründig durch Umsetzung eines Projektplans von Prozessumstellungen, Übergänge von Verantwortungen in die neue Organisation und Einführung der neuen IT-Systeme erfolgen. Hintergründig sind die Herausforderungen in dieser Phase jedoch:

- Proaktive Information und ein erfolgreiches Kommunikationskonzept nach Innen
- Den Mitarbeitern die Chance zur Mitgestaltung geben
- Bei Stellenbesetzungen und der Auswahl von Führungskräften einen fairen nachvollziehbaren Weg wählen

Und schließlich:

- Die Zusammenführung verschiedener Unternehmenskulturen aktiv angehen.

Alle diese Herausforderungen sind Anforderungen an die Leistungsfähigkeit und die Qualitäten des Topmanagements und nicht delegierbar.

Zur nachhaltigen Durchsetzung der Veränderungen ist es einerseits notwendig, dass ein geschlossenes Management Team diesen Prozess vorantreibt, andererseits kann die Detaillierung und Umsetzung nur durch die Mitarbeiter in Ihrem jeweiligen Arbeitsbereich erfolgen. Um sicherzustellen, dass diese Entwicklung in den Zielprozessen termingerecht endet, empfiehlt es sich, begleitend eine Zertifizierung nach EN ISO 9001:2000 / 14001 durchzuführen.

In einem der beiden Alt-Unternehmen haben wir – bezogen auf das Anfangsjahr 1995 und bei vergleichbarer Menge – in den Jahren 1995 bis 2000 mit Hilfe von Prozessoptimierungen und IT-Systemen Reduktionen der direkten Transportkosten von einunddreißig Prozent erzielt. Dies konnte durch das oben beschriebene Vorgehen während des Merger in das entstehende Unternehmen überführt und ausgebaut werden. Doch dabei wird es nicht bleiben – die enormen Fortschritte der Operations Research Algorithmen in den letzten Jahren, verbunden mit der Performance-Steigerung der Computer (Hard- und Software), erlauben es, ständig weitere Verbesserungen zu erzielen. Wir profitieren dabei davon, dass in der Transportlogistik der Schritt von der mathematischen Modellierung zur Prozessanwendung kleiner ist als in den meisten anderen Branchen.

Monika Rühl

Monika Rühl studierte an der Technischen Universität Berlin Anglistik, Mathematik, Pädagogik und Philosophie mit dem Staatsexamen als Abschluss.
Zum Teil studienbegleitend war sie als Messehostess, Übersetzerin, Flugbegleiterin, als Assistentin des Geschäftsführers einer Stiftung und als Produktionsassistentin einer TV-Produktion tätig.

Im Jahre 1991 trat Monika Rühl in die Deutsche Lufthansa AG als Flugbegleiterin ein. Von 1995 – 2000 war sie Beauftragte für Chancengleichheit und seit 2001 ist sie Leiterin Change Management und Diversity bei der Lufthansa.

Seit 1994 wirkt Monika Rühl als ehrenamtliche Richterin am Arbeitsgericht in Berlin und seit 2001 am Landesarbeitsgericht in Frankfurt.
Ihre besonderen Interessen gelten dem Reisen, der Literatur, der Musik, der Kunst und dem Sport.

Vielfalt und Ordnung sind die beiden Pole, die das Spannungsfeld ausmachen, in dem sich die Menschen in dem global tätigen, in besonderem Maße von kulturellem Reichtum geprägten Unternehmen Lufthansa bewegen. Ähnlichkeiten zur Mathematik, die ebenfalls in einem Spannungsfeld zwischen Gesetzmäßigkeit und phantasievollem Reichtum lebt, werden in Monika Rühls Beitrag deutlich.

Diversity – Spannungsfeld zwischen Vielfalt und Ordnung

Monika Rühl

Was ist Diversity und wie zeigt sie sich?

Das Straßenbild einer amerikanischen Großstadt, bestimmt durch Menschen unterschiedlicher Herkunft, vermittelt uns einen ersten Eindruck: Diversity bedeutet Vielfalt; der Begriff kommt aus den USA.
Ursprünglich beschreibt Diversity das Miteinander der unterschiedlichen gesellschaftlichen Gruppen und zielt stark auf die Vermeidung von Diskriminierung und damit einhergehenden aufwendigen Rechtsstreitigkeiten ab. Die amerikanische Gesetzeslage flankiert diesen Ansatz: Anti Discrimination Act und Affirmative Action Program bilden die Basis für die Diversity-Politik.
Inzwischen ist Diversity in nahezu allen europäischen Ländern ein vertrauter Begriff. Allerdings sind die Ansätze hier unterschiedlich – Großbritannien präsentiert sich stark Atlantik orientiert, greift also auch regulierend ein, während andere europäische Länder bislang mehr Wert auf Gestaltungsspielraum legen. Aber mit den nationalen Umsetzungen der EU-Antidsikriminierungsrichtlinien in 2003 richtet sich auch hier der Blick stärker auf die Einhaltung rechtlicher Vorgaben.

Wie im großen gesellschaftlichen Zusammenhang ist Diversity natürlich auch in kleineren Gesellschaften, sprich in den Unternehmen, ein Thema. Dies gilt vorrangig für große Konzerne mit einem weltweiten Auftritt, wie zum Beispiel die Lufthansa Aktiengesellschaft, zunehmend aber auch für viele kleine und mittelständische Unternehmen, die über breite und internationale Kundenstrukturen verfügen.

Diversity dient dazu, unter den gegebenen gesellschaftlichen Bedingungen den wachsenden Herausforderungen des Marktes besser begegnen zu können. Diesem Aspekt wollen wir uns näher widmen.

Im Unternehmensalltag zeigt sich Diversity nicht nur optisch, sondern auch in zahlreichen anderen Erscheinungsformen. Dies gilt sowohl für das Innenleben, als auch für die Außenbeziehungen, es gilt für die Menschen wie auch für die Produkte.

Der Anteil der Frauen nimmt zu, Menschen fremder Herkunft – national und ethnisch – treten zunehmend ins Bild und machen es „bunter", persönliche Einstellungen und Ansichten und auch Kundenwünsche sind vielfältiger als früher und kommen stärker zur Geltung.
Nehmen wir zum Beispiel die Automobilindustrie: Gab es bei der Herstellung eines Pkw früher nur eine geringe Anzahl von Ausstattungsmerkmalen zum Kombinieren, ist die Fülle der Möglichkeiten inzwischen derart groß, dass nahezu jeder individuelle Design- und Ausstattungswunsch erfüllt werden kann.
Oder denken wir an den Kundenmarkt eines Unternehmens, etwa den der Lufthansa. Menschen aller Facetten finden sich darin – unterschiedliche Nationalitäten, unterschiedliche Hautfarben, vielfältige Berufe und Menschen mit unterschiedlichen Reisezielen, um nur einige Unterscheidungsmerkmale aufzuführen, die in der Dienstleistungskette als Individuen wahrgenommen werden möchten.

Die Vielfalt in den Produkten und unter den Mitarbeitenden und Kunden spiegelt sich auch in den Strukturen wieder. Die in früheren Jahren vielerorts anzutreffende hierarchische Ordnung mit oft langen Kommunikations-einbahnwegen (in der Regel von oben nach unten) und einer gewissen Homogenität unter den Beschäftigten – auf jeden Fall bei den Führungskräften – ist vorbei. Homogen zusammengesetzten Unternehmen dürfte es kaum mehr gelingen, die Vielfalt der Kundenwünsche zu erahnen und zu befriedigen. Zunehmend gefragt sind schnell agierende, mit Entscheidungskompetenz in kleineren Einheiten versehene Strukturen, die zudem aufgrund des von außen einwirkenden Kostendrucks wesentlich schlanker geworden sind. Variable heterogene Strukturen sind eher geeignet, die Vielfalt der Kundenwünsche abzudecken. Sie entsprechen zudem besser den unterschiedlichen Qualifikationen und Charaktereigenschaften der Beschäftigten.
Dieser Veränderungsprozess zeichnet sich seit langem ab, was sich zum Beispiel an den einzelnen Stufen des Arbeitszeitmanagements der vergangenen Jahrzehnte ablesen lässt.

Doch damit nicht genug – Diversity erfasst das gesamte Leben im Unternehmen. Sie prägt den Geist und die Kultur, beeinflusst die Zielsetzung und die damit verbundene Strategie. Sie geht einher mit einem ständigen Veränderungsprozess, der sowohl extern wie auch intern wirkt. Innovationsfähigkeit und -geschwindigkeit entscheiden über Erfolg und Misserfolg.
Früher hatten die Unternehmenskulturen meist einen engen, vorgegebenen Ordnungsrahmen, der die vom Mainstream Abweichenden zur Integ-

ration zwang oder verhinderte, dass sie überhaupt ins Unternehmen kamen. Zunehmend jedoch verliert dieser Ordnungsrahmen seine Starrheit.

Vielfalt und Eingrenzung – Gewolltes und nicht Gewolltes

Mathematische Kreativität, Intuition und Neugier gewinnen erst durch ihre strenge Nachprüfbarkeit im Hinblick auf Relevanz und Korrektheit ihre Kraft und Bedeutung. Ideen entwickeln allein genügt nicht, die Ideen müssen in ein Ganzes hineinpassen, sei es in eine Theorie, sei es in eine Beweisführung.
Dieses Wechselspiel charakterisiert auch Diversity. Die an sich gewünschte Vielfalt bedarf eines Korrektivs, damit sie nicht unkontrollierte unnütze Auswüchse zeitigt.
Einerseits lebt Diversity in einer offenen Kultur, die den Austausch im Inneren und nach außen fördert und die Toleranz gegenüber den Regeln des Individuums ausübt. Eine Offenheit erfordernde und Offenheit fördernde Kommunikation soll nicht eingeschränkt werden. Diversity zielt auf Wertschätzung. Insofern ist sie Begleiterin der Individualisierung, da sie es ermöglicht, den/die Einzelne(n) entsprechend seinen/ihren eigenen Wertvorstellungen zu behandeln und somit für gemeinsame Ziele zu gewinnen.
Andererseits neigen Menschen ohne gemeinsame Ordnerfunktion zu Übertreibungen in die eine oder andere Richtung; sie erweitern ihre eigenen Regeln. Diese Regelerweiterungen gilt es auszugleichen. Eine starre Ordnung – als Kontrast zur Offenheit – kanalisiert Prozesse zu stark und nimmt ihnen so ihre Eigendynamik. Strukturen, die ausschließlich einem engen auf Homogenität ausgerichteten Ordnungsprinzip folgen, haben meist auch geistig homogene Führungsstrukturen nach dem Muster „Schmidt sucht Schmidtchen". In so einer, dann in der Regel wenig offenen Unternehmenskultur wird Schmidtchen es selten wagen, Schmidt zu widersprechen. Das heißt, dass das Maximum an Wissen und an Innovation von Schmidt kommt. Damit ist das Lernen der Organisation auf das Lernen von Schmidt reduziert. Von außen kommt also nichts dazu. Dass ein solches Unternehmen wenig Chancen haben wird, sich zu entwickeln und damit nachhaltig am Markt zu existieren, erscheint plausibel.

Man muss verstehen lernen, dass Vielfalt innerhalb eines ganzheitlichen ordnenden Rahmens kein Widerspruch darstellt. Beides bedingt sich vielmehr, solange darauf geachtet wird, dass eine Ausgewogenheit aufrechterhalten bleibt. Eine Überbetonung von zu viel regelnder Ordnung ist genau so wenig anzustreben wie eine ins Kraut schießende Freizügigkeit.

Management by Mathematics besagt nicht, dass alle bisher geltenden Ordnungsprinzipien gewissermaßen als einfältig ersatzlos gestrichen und durch kreative Vielfalt ersetzt werden. Vielmehr geht es darum, der Vielfalt mehr Geltung zu verschaffen als bisher und ein produktives Ringen zwischen beiden Polen zuzulassen. In diesem Sinne verstehen wir Diversity! Sie wird unternehmensspezifisch praktiziert. Deshalb wird jedes Unternehmen ein eigenes Verständnis von Diversity entwickeln.

In Anbetracht dieses Umstandes stehen Versuche unter Vorbehalt, Diversity definitorisch erfassen zu wollen, ohne dabei wesentliche Inhaltselemente aufzugeben. Eine streng-formale Definition kann nicht gelingen, genau so wie jeder Versuch scheiterte, Begriffe wie Liebe, Persönlichkeit oder Charakter definieren zu wollen, zu deren Wesenszügen es geradezu gehört, widersprüchlich zu sein und sich nicht festlegen zu lassen.
Dennoch gibt es interpretatorischen Spielraum sowohl inhaltlicher, wie auch juristischer Art. Diesen im konkreten Umgang mit Diversity, etwa in der Projektarbeit, detailliert auszufüllen, erscheint im Einzelfall sinnvoll. Ein extremes Beispiel hierfür stellt das schlichte Verhalten einer Reihe von Unternehmen dar, die ihre vormalige „Frauenförderung" durch den neutral klingenden Namen „Diversity" ersetzt haben.
Einige Unternehmen bezeichnen ihre gelebte Toleranz als Diversity. Toleranz ist als Ziel jedoch zu schwach, da es nur die Handlungsebene des Duldens (oftmals des nicht Duldens) abdeckt, aktives Handeln jedoch außen vor lässt.

Unter Fachleuten werden „Primär-" und „Sekundärkriterien" unterschieden, wobei zu den primären Merkmalen die nicht oder nur wenig beeinflussbaren, das Individuum näher beschreibenden, und zu den sekundären Merkmalen die beeinflussbaren Eigenschaften des Menschen zählen.
Diese Unterscheidung ist wichtig für die Personal- und Teamentwicklung, zum Beispiel, wenn es darum geht, geeignete Mitarbeiter für ein internationales Projekt zu finden. Sie hat aber den offensichtlichen Nachteil, dass die beeinflussbaren Eigenschaften eines Menschen von vielerlei Faktoren abhängen und keineswegs a priori feststehen. Es kommt hinzu, dass je nach dem Staat oder dem Land der Betrachtung primäre und sekundäre Unterscheidungsmerkmale variieren.
Deshalb wird im Arbeitsleben, so zum Beispiel bei der Lufthansa, eine weniger auf Abgrenzung ausgerichtete Unterscheidung vorgenommen: Zu den Primärkriterien gehören diejenigen Faktoren, bei denen Unternehmen personalpolitisch pro-aktiv tätig werden, zu den Sekundärmerkmalen entsprechend solche, bei denen Unternehmen lediglich reaktiv handeln.

Diversity ist keine Disziplin an sich, sondern wird als Instrument verstanden, die Stabilität des Unternehmens aufrecht zu erhalten und zu verbessern. Als Unternehmensmaxime hilft Diversity, die Bedürfnisse aller Stakeholder abzudecken: Die Mitarbeitenden erfahren Wertschätzung; das Unternehmen mobilisiert Produktivitätsreserven und wird profitabler. Diesem Unternehmenszweck wird auch die Auswahl derjenigen Kriterien unterworfen, die beim Management von Diversity im Vordergrund stehen.

Was wir erreichen wollen - der „business case" bei der Lufthansa

Im Wesentlichen sind es vier Argumente, die für eine Diversity-Politik durch Unternehmen sprechen:

- fortschreitende Globalisierung
- demografische Entwicklung, verbunden mit einem Personalengpass
- weiter wachsende Individualisierung und die
- Marktsituation

Die grenzenlose Kommunikation und Information durch das Internet und andere Medien führt die Menschheit virtuell mehr und mehr zusammen. Die zunehmende Mobilität der Menschen erfasst mehr und mehr auch die „Entwicklungsländer". Die Grenzlinie läuft heute eher entlang des „digital divide" und trennt also diejenigen, die Zugang zum Internet haben, von denjenigen, denen dies nicht möglich ist. Das führt zu einer stärkeren Mischung von Menschen unterschiedlichen Hintergrundes und unterschiedlicher Zielsetzung an vielen Orten der Erde. Damit verbunden sind Chancen, vermehrt aber auch Risiken. Das Miteinander von Menschen unterschiedlichster Primär- und Sekundärkriterien bietet eine ganze Fülle von Konfliktpotenzial, sollten die Beteiligten nicht „mehrsprachig" im Sinne von interkulturellem Verständnis sein.

Unsere Aufgabe als Diversity-Manager ist daher die eines Übersetzers und eines Vermittlers von interkulturellem Sprachverständnis innerhalb unseres Wirkungskreises.[1]

Doch auch bereits innerhalb eines Kulturkreises bereiten zum Beispiel Altersunterschiede in den beteiligten Parteien oft schon den Eindruck völligen Unverständnisses unter einander. Auch hier besteht Vermittlungsbe-

[1] Ein banales Beispiel deutet an, worum es geht: Das Wort ´vielleicht` lässt sich in fast jede existierende Sprache übersetzen, jedoch werden verschiedene Inhalte damit assoziiert: Je weiter nördlich auf der Erdkugel die Sprache angesiedelt ist, umso wahrscheinlicher bedeutet es ein Ja, je weiter südlich, umso sicherer ein Nein. Wenn man dies nicht weiß, gestalten sich Vertragsverhandlungen zwischen zum Beispiel Finnen und Spaniern schwierig.

darf, um aus gegenseitigen Vorbehalten eine Zusammenarbeit entstehen zu lassen. Transponiert man diese Situation in andere Kulturkreise und bezieht gar weitere Parameter ein, dann steigt der „Übersetzungsbedarf" exponentiell.

Ein weiterer Schwerpunkt unserer Tätigkeit ergibt sich aus der demografischen Entwicklung in Deutschland. Immer mehr Unternehmen stellen sich die Frage, wem sie eigentlich in Zukunft ihre Produkte verkaufen und wer in Zukunft für sie arbeiten werde. Dem Arbeitsmarkt stehen nicht mehr genügend junge, qualifizierte Männer zur Verfügung, andererseits drängen mehr und mehr Frauen in den Beruf. Anlass für uns, der Integration von Frauen[2] unsere besondere Aufmerksamkeit zu widmen, darüber hinaus aber auch schwerbehinderte Menschen, Ältere[3] und – nicht zuletzt aufgrund unserer Internationalität – auch Menschen aus anderen Ländern stärker in den Fokus unserer Arbeit zu stellen.

Bei all dem dürfen wir natürlich unsere Stammbelegschaft nicht vernachlässigen. Zu aller erst zielt Diversity-Management auf die Einbeziehung aller Mitarbeitenden. Nur wer das Gefühl hat, sich im Unternehmen entfalten zu können, ohne behindert oder eingeschränkt zu werden, arbeitet produktiv. Menschen unterschiedlichster Couleur bringen ganz verschiedene Lösungsansätze hervor. Im Sinne einer kreativen, innovativen und lernenden Organisation ist Vielfalt die Chance, dieses Ziel zu erreichen. Dabei geht es um mehr als nur die reine Obstruktionsbeseitigung – Wertschätzung und Freiraum für Individualismus erhöhen die Wertschöpfung. Heterogenität, eingebettet in eine Kultur, in der sie willkommen ist, dürfte das Innovations- und Problemlösungspotenzial im Unternehmen wesentlich erhöhen. Sie hilft auch die Reaktionsgeschwindigkeit auf „disruptive change"[4] signifikant zu steigern.

Diversity – Topthema für Human Resources

Hatten sich bisher Unternehmen in Anlehnung an ihre Werte oder Leitlinien deduktiv eine Kultur selbst definiert und alle nachgeordneten Prozesse wie zum Beispiel Personalauswahl dem angepasst, so verfolgt Diversity

---

[2] Die Erwerbstätigkeit von Frauen steigt seit Jahrzehnten kontinuierlich an und lag 2000 bei 64 Prozent (1991 noch bei 59 Prozent). Diesem Faktum liegt ein höheres Ausbildungsniveau zugrunde.

[3] Je nach Kontext beginnt die Altersgrenze für diese Gruppe bereits bei 40 Jahren.

[4] Im Gegensatz zum 'normalen' Wandel bezeichnet der Harvard-Professor Clayton Christensen mit 'disruptive change' einen abrupten Wandel, wie zum Beispiel durch den Markteintritt sogenannter Billigflieger im Personenluftverkehr hervorgerufen.

eine Änderung dieser Vorgehensweise. Dies wird zum Teil durch den Engpass an qualifiziertem Personal erzwungen, ist jedoch im Zeitalter der Offenheit ohnehin angezeigt.
Wenn die Belegschaft heterogener wird, werden sich die Menschen, die nunmehr keine Minderheiten mehr bilden, kaum in ein vorgegebenes Muster einfügen wollen. Vielmehr entwickelt sich aus ihnen heraus durch Induktion eine neue Unternehmenskultur, die der alten gegenübersteht. Dies ist kein top down Prozess mehr und verläuft auch nicht eindimensional buttom up, sondern im Wettstreit dieser Kulturen entsteht aus dem Inneren des Unternehmens heraus etwas vieldimensional Neues.

Die Aufgabe der Führungskräfte verlagert sich von einer überwiegend regulierenden und kontrollierenden Funktion in eine möglichst geschickte Organisation der Unterschiede. Führungskräfte werden ohnehin weniger die „Oberfachmenschen" eines Themas sein, sondern die Organisatoren von Teams und deren Zusammensetzung.
Es geht darum, die offenbaren Widersprüche notfalls zu akzeptieren und aus der Heterogenität der Talente und der Wissensverteilung Nutzen zu ziehen.

Dazu gehören offene Strukturen, die flexibel für Veränderungen sind; sie ermöglichen viel eher als tiefgestaffelte Hierarchien ein marktgerechtes Agieren und Reagieren. Gleichzeitig geht es darum, den Mitarbeitenden eine akzeptable Orientierung zu bieten. Kurz gesagt in den Worten des Beitrages von Ulrich Hirsch: Es geht um die Gestaltung des Kraftfeldes des Unternehmens.

Selbstverständlicher Teil dieser Aufgabe ist das Bemühen der Unternehmen, attraktiv am Arbeitsmarkt zu erscheinen, um eine möglichst große Auswahl an Bewerbungen[5] zu haben.
Als Beispiel für die Gewinnung neuer Mitarbeiterinnen und Mitarbeiter gibt es bei der Lufthansa ein spezielles Einarbeitungsprogramm für Hochschulabsolventen ohne wirtschaftswissenschaftlichen Hintergrund. Auf diese Weise erhält Lufthansa eine Fülle von Impulsen aus unterschiedlichen Studiengängen, die dazu beitragen, dass das Unternehmen im globalen Wettbewerb insgesamt gut aufgestellt ist.
Zugleich muss es gelingen, das aufwendig qualifizierte Personal an das Unternehmen zu binden. Mehr als bisher müssen dabei Personalentwicklungskonzepte dahingehend modifiziert werden, den Belangen der unter-

[5]Für Unternehmen wie die Lufthansa wirkt hierbei förderlich, dass viele der besonders qualifizierten Nachwuchskräfte – zum Nachteil des Mittelstandes – eine Präferenz für Großunternehmen haben.

schiedlichen Gruppen Rechnung zu tragen. Zum Beispiel können auch ältere Mitarbeiter mit einer sinnvollen Abstufung der Wochenarbeitszeit im Arbeitsprozess bleiben.
Recruitment und Retention sind also wichtige Treiber für Diversity. Dabei verdient ein Aspekt besondere Aufmerksamkeit, der in dem Beitrag von Gunter Dueck angesprochen wird: Die Menschen gehören unterschiedlichen Typen an, ihre Charaktere und Temperamente sind zum Teil gegensätzlich. „Rechtshirnige" ertragen, dass jeder seine persönlichen Regeln mitbringt; es müssen nur weiche und auch ethisch wertvolle Regeln sein, die sich ausgleichen lassen. „Linkshirnige" etablieren eine allgemeine Ordnung, die lokal stark optimiert und genau ist, dann aber in einem heterogenen Unternehmen global inkonsistent erscheint und nicht motivierend wirkt. In diesem Spannungsfeld zwischen Vielfalt und Ordnung bewegt sich Diversity.

Auch wenn die Mehrzahl der Unternehmen in Deutschland die Chancen, die sich ihnen durch das Managen von Diversity bietet, noch nicht erkannt haben – in wenigen Jahren wird es sicher eines der Topthemen der Human Resources sein!

Prof. Dr. Ulrich Hirsch

Ulrich Hirsch studierte Mathematik und Physik an der Universität Bonn, wurde an der Universität Düsseldorf zum Dr. rer. nat. promoviert und im Jahre 1982 an der Universität Bielefeld zum Professor für Mathematik ernannt. Seit nunmehr fünfzehn Jahren ist er als Unternehmensberater tätig, seit 1995 als beratender Betriebswirt mit der eigenen Firma Ulrich Hirsch & Partner Unternehmensberater in Bonn.
Der Beratungsschwerpunkt dieser Firma mit der Internetadresse www.u-hirsch-partner.de liegt in den Bereichen Human Resources und Strategieentwicklung und umfasst Themen wie Personalberatung, Organisations- und Persönlichkeitsentwicklung (Skill Management) sowie Konfliktmanagement (Wirtschaftsmediation).

Hirsch hat in seinen beraterischen Ansatz Erfahrungen aus dem Sport (u. a. 1972 Deutscher Mannschaftsmeister im Tischtennis), den Naturwissenschaften und der Wirtschaft eingebracht. Diese Erfahrungen haben zu einem Managementverständnis geführt, das sich in vielerlei Hinsicht von den gängigen Managementtheorien und -methoden unterscheidet.

Für das Konzept des Unternehmensfeldes und die Prinzipien F.E.L.D., wovon in dem nachfolgenden Beitrag die Rede sein wird, stand das Fußballfeld Pate. Im erweiterten Sinne gehören zu diesem Feld neben den Spielern auch die Fans, der Trainer, der Vereinsvorstand, die Liga und die Sponsoren. Und natürlich die Tore, auf die geschossen, und die Regeln, nach denen gespielt wird.
Die Handlungsprinzipien F.E.L.D. lassen sich, wie die beraterische Praxis zeigt, auf professionell agierende Organisationen wie zum Beispiel Behörden oder NGOs, insbesondere aber auf Wirtschaftsunternehmen übertragen. Ihre konsequente Umsetzung in unternehmerisches Denken und Handeln führt zur individuellen, konsistenten, auf langfristigen Erfolg ausgerichteten strategischen und operativen Unternehmensentwicklung.

Eine Theorie für die Praxis

Ulrich Hirsch

Wie man im Unternehmen Dampf macht

Ich sprach mit einem jungen dynamischen Manager, der gerade die Aufgabe übernommen hatte, vierzehn in letzter Zeit vom Konzern dazu gekaufte kleinere, ein wenig schläfrige Firmen zu einer starken operativen Einheit zusammenzuführen. Auf meine Frage, wie er das machen wolle, meinte er, als erstes würde er in jeden dieser Betriebe fahren und dort ordentlich Dampf machen – ein Ruck müsse durch die Mitarbeiter gehen.

Es gibt Manager und es gibt Sporttrainer, die versuchen, die ihnen anvertrauten Teams zu Bestleistungen zu bringen, indem sie sie unter Dampf setzen. Dieses Verfahren hat jedoch zwei große Nachteile. Erstens lässt sich Dampf nur durch ständige Energiezufuhr aufrecht erhalten – der Kessel muss ständig beheizt werden[1] – und zweitens bringen Menschen, denen Dampf gemacht wird, im Gegensatz zum Kolben in der Dampfmaschine, nicht ihre optimale Leistung hervor. Zumindest nicht auf Dauer. Mitarbeiter wollen Ziele, mit denen sie sich anfreunden können, und sie brauchen eine ambitionierte lockere und kreative Atmosphäre, in der sie diese Ziele erreichen können. Pragmatisch, Schritt für Schritt, vom Ist-Zustand ausgehend, und nicht realitätsfern zum großen Wurf getrieben. Davon war in diesen Buch schon an vielen Stellen die Rede.

Ich sagte deshalb dem Jungmanager, sein Vorhaben wird nicht viel bringen, es koste ihn zu viel Energie ohne entsprechenden Nutzen; Flagge zeigen sei okay, was er aber brauche, um wirklich auf Dauer etwas zu bewirken, sei eine tragende Idee, ein schlüssiges Gesamtkonzept, eine für alle gleichermaßen gültige und akzeptierte Methode, eine Leitfunktion oder – wie es der große alte Mann unter den Management Consultants, Peter Drucker, nennt – eine gute „Theorie".

Soweit diese kleine Analogie aus der Physik.

[1] Bekanntlich entsteht aus Wasser Dampf, indem die Wassermoleküle angestoßen werden und dadurch ihre Fluggeschwindigkeit erhöhen. Dieses Anstoßen erfolgt jedoch nicht einzeln Molekül nach Molekül, sondern indem man das Wasser auf eine Heizquelle stellt.

Eine große Analogie

Eine Analogie hat auch den Anstoß zu diesem Buch gegeben, eine Analogie, von der wir behaupten, sie sei nicht nur kreativ, sondern auch überaus nützlich. Sie kommt ebenfalls aus einem Bereich außerhalb der Wirtschaft – nicht aus der Physik, sondern aus der Mathematik!
Die Mathematik ist in besonderem Maße vom Wechselspiel zwischen Kreativität und Theorie getragen. Auch davon war oft zu lesen. Kreativität und Intuition führen zu Erkenntnissen, die in Theorie strukturiert werden. Die Theorie umgekehrt sichert das Erreichte ab und ermöglicht zugleich Forschung auf immer höheren Niveaus. Das Entwickeln und Beherrschen von Theorien und der kreative Umgang damit sind eine Grundvoraussetzung für mathematischen Erfolg. Im Beherrschen von Theorie unterscheidet sich der Amateur krass vom Profi.
Kreativität ohne Theorie hat keinen Boden, schweift leicht ab, verirrt sich, produziert unbewusst Fehler – Fehler, die sich zum Teil hinter Kleinigkeiten verstecken und doch die gesamte Beweisführung zum Einsturz bringen. Immerhin ist das mathematische „Controlling" so scharf und präzise, dass ernsthafte Fehler mit Sicherheit aufgespürt werden.

Nun die Analogie: Wie wohl die meisten Unternehmensführer wünsche ich mir von meinen Mitarbeitern Kreativität. Wie aber entsteht Kreativität, wie wird sichergestellt, dass es die „richtige" ist? Wie werden die Ergebnisse abgesichert? Wer trägt dafür Sorge, dass Kreativität nicht ins Kraut schießt, und wer trägt Verantwortung, dass Anwendungserfahrungen zurückfließen in die Köpfe derer, die zukünftig kreativ sind? Kurz gesagt, wo bleibt das Pendant zur Kreativität, wo bleibt die Theorie und wie wird diese gemanagt?

Keiner von uns kommt ganz ohne Theorie aus. Jedes Vorurteil ist eine kleine, allerdings schlechte Theorie, hinter so manchem Schluss von sich auf andere steckt fragwürdige Theorie. Ein Manager, der zu stark betont, er sei Praktiker und kein Theoretiker, setzt sich dem Verdacht aus, er verstehe Theorie irrtümlich als extremen Gegensatz zur Praxis, gewissermaßen als Unpraxis. Für immer auf der Anfangsstufe der Theoriebildung verweilend, nämlich dem mühsamen Sammeln und wiederholten Anwenden von Einzelerfahrungen, oder auf Bauernregeln vertrauend, wie es Achim Bachem in seinem Beitrag ausdrückt, verweigert er sich einer für ihn neuen und somit ungewohnten Form von (besserem) Verständnis.

Die Theorie des Unternehmens

Natürlich geht es hierbei nicht um eine oder mehrere unterschiedliche Theorien, die in gleicher Weise auf jedes Unternehmen angewandt werden können. So etwas kann es nicht geben; es wäre zudem vereinheitlichend und damit wenig hilfreich. Vielmehr bedarf es unternehmensspezifischer Ausformungen; die Grundelemente mögen dabei die gleichen sein, das Besinnen auf und Bestimmen von individuellen Erfolgsfaktoren und die Aufnahmekapazität durch Management und Mitarbeiter stehen jedoch im Vordergrund.

Nicht nur Peter Drucker[2], auch andere[3] sprechen deshalb von der Theorie *des Unternehmens*. Zum Ausdruck kommt damit, dass jede Unternehmenstheorie ihr ureigenes Alleinstellungsmerkmal trägt.

Die Theorie des Unternehmens bestimmt nicht nur die Richtung, in die das Unternehmen geht, sie bereitet auch den Boden, auf dem Veränderungsprozesse gedeihen. Sie beseitigt den Fließsand, auf dem Managementkonzepte wie zum Beispiel die Balanced Scorecard oder Skill-Management oder Programme wie 6-Sigma, TQM und andere Aktivitäten im Unternehmen häufig aufsetzen.
Zwar besitzt eine Unternehmenstheorie – nicht zuletzt wegen des Erfordernisses einer ständigen zeitlichen Anpassung – nicht die volle Stringenz einer mathematischen Theorie, doch bietet sie besser als andere Ansätze die Möglichkeit einer Überprüfung und Verbesserung von Ergebnissen.

Das Unternehmensfeld

Worin liegt der besondere Nutzen solcher Theorien des Unternehmens und was macht diese einem „rein pragmatischen Vorgehen" überlegen? Ein Beispiel soll das erläutern – die *Theorie des Unternehmensfeldes.*

---

[2] Peter Drucker: Managing in a Time of Great Change.
[3] Zum Beispiel Ulrich Witt, Direktor des Max-Planck-Institutes zur Erforschung von Wirtschaftssystemen. Hervorzuheben sind auch Henry Mintzberg (manager magazin 10/86) und Gerd Gerken in „Neue Wege für Manager" (ECON), die beide ähnliche Gedanken entwickeln wie in diesem Beitrag, ohne jedoch den Begriff „Theorie" zu benutzen. Einiges zur Theorie von Unternehmen steht auch in Ulrich Hirschs „Exoten im Management", Hanser.

Es handelt sich um ein Vorgehens-, Verhaltens- und Organisationsschema, das auf einem *natürlichen, in der Entwicklung sozialer Systeme besonders bewährten Erfolgsbegriff* beruht und das auf die Gegebenheiten des jeweiligen (Wirtschafts-)Unternehmens zugeschnitten ist.
Im Prinzip geht es darum, die Voraussetzungen und einen konkreten Rahmen für erfolgreiches unternehmerisches Handeln zu schaffen und aufrecht zu erhalten. Sei es komplexes Multiprojektmanagement, sei es Verhalten, sei es Mitarbeiterführung, sei es Beteiligungsmanagement... , die Theorie liefert das dazu benötigte Grundwissen und stellt umgekehrt eine Bühne bereit, auf der sich Kreativität entfaltet, strukturiert wird und zum Erfolg beiträgt.

Dabei ist Erfolg nicht mit Profit gleichzusetzen, sondern bedeutet für jedes soziale Legitimität für sich beanspruchende Unternehmen *langfristige dynamische Stabilität*. Anschaulich gesprochen, geht es um die Erfolgskurve über mittlere Zeiträume, nicht um punktuellen Erfolg.
Mit Stabilität verbunden ist Veränderung, nicht starres Festhalten. Erreicht wird Stabilität – und damit bei entsprechender Zielsetzung auch hohe Profitabilität!![4] – in Unternehmen/Organisationen, die folgendes vorweisen können. (Anmerkung: Es handelt sich nicht um Definitionen, sondern um Umschreibungen!)

1. **Unternehmenspol**
   Es gibt einen Pol, der das Unternehmen oder die Organisation im Sinne der angestrebten Ziele gleichsinnig ausrichtet. Diese gleichsinnige Ausrichtung nennen wir:

2. **Kraftfeld des Unternehmens (bzw. der Organisation)**

3. **Wirkprinzipien im Kraftfeld**

Um im Kraftfeld des Unternehmens (kurz: Unternehmensfeld) möglichst optimale Erträge zu erwirtschaften, empfiehlt es sich, folgende vier Prinzipien konsequent anzuwenden:

F **Feincontrolling**. Jeder Systemteil erhält schnell Rückkopplung über seinen Leistungsbeitrag. Dinge werden dort beurteilt und entschieden, Abhilfe wird dort und möglichst umgehend geschaffen, wo das Ereignis stattfindet.

[4] Stabilität lässt sich nur aufrecht erhalten, wenn ständig erhebliche Mittel investiert werden. Mit anderen Worten, nur profitable Wirtschaftsunternehmen können stabil sein.

E **Effizienz**. Die zur Verfügung stehenden Ressourcen werden möglichst optimal ausgenutzt. Es geht um minimalen synergetischen Aufwand. Nicht „Rationalisierung" steht im Vordergrund, sondern das möglichst optimale Zusammenwirken aller Kräfte. Es entsteht kontrolliertes Wachstum.

L **Lernen**. Es herrschen Offenheit und Lernbereitschaft. Dadurch entstehen Wettbewerbsvorteile. Lernen ist eine Voraussetzung für Leistung und Überleben.

D **Dezentralisierung**. Strukturen sind dezentral angelegt und organisieren sich weitgehend selbst. Zusammenhang und Gemeinsamkeiten mit der Zentrale werden durch den Pol sichergestellt.

Der Pol (mit „Grundlagen" und „Ziele" als Pol-Enden; siehe Figur) kann in Gestalt einer Persönlichkeit, zum Beispiel der des Firmengründers, in Erscheinung treten, (und/oder) in Form eines Leitmotivs wirken; er kann sich als zündende Geschäftsidee darstellen oder auch ganz anderer Gestalt sein. Konkrete Beispiele für Pole sind zahlreich.[5]
Das Unternehmen wird durch seinen Pol und sein Kraftfeld und durch das Management, das sich um dessen Weiterentwicklung und Kultivierung kümmert, sehr wesentlich geprägt.
Der Pol erzeugt Feldlinien, die als Handlungs- oder Unternehmensleitlinien verstanden werden können. Solche Gemeinsamkeit schaffenden Leitlinien sind besonders wichtig bei Fusionen und im Hinblick auf die Integration einer zukünftig zunehmenden Zahl von Freelancern im Unternehmen.

Die Situation kann man sich einprägsam anhand des folgenden Schemas vorstellen: Das Management definiert die „Pol-Enden" (Grundlagen und Ziele) und sorgt für entsprechende Handlungsleitlinien für die Mitarbeiter.

[5] Hier sind drei plakative Beispiele. Der der Theorie von AT&T zugrunde liegende „Pol" bestand in der Zielsetzung, jeder amerikanischen Familie und jedem Unternehmen bis Mitte der fünfziger Jahre Zugang zu einem Telefon zu verschaffen. Der Pol der Deutschen nach dem 2. Weltkrieg bestand in der sozialen Marktwirtschaft in Anlehnung an den Westen, verbunden mit den Namen Erhard und Adenauer. In den sechziger und siebziger Jahren war Borussia Mönchengladbach unter dem charismatischen Trainer Hennes Weisweiler ein Verein mit einem starken Pol. Ähnliches kann derzeit (2003) von Bayern München behauptet werden.

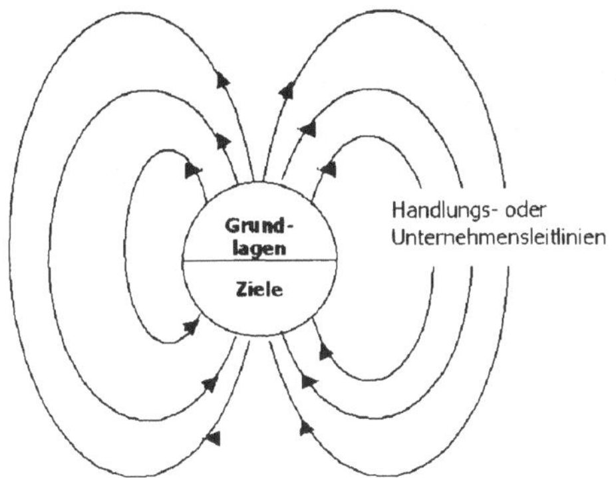

Figur:

Eine griffige und allgemein verständliche Sprache ist für die Arbeit im Feld wichtig, setzt jedoch ein Grundverständnis für das voraus, was sich dahinter verbirgt.
Insbesondere soll man sich nicht zu sehr an die gewählten Begriffe klammern; anstelle von „Lernen" hätten wir auch „Offenheit" fordern können und anstelle von Dezentralisierung auch „Selbstorganisation". Sowohl Dezentralisierung als auch Selbstorganisation drückt aus, worauf es ankommt, nämlich die Dinge nach Möglichkeit dort entscheiden zu lassen, wo sie anstehen und sich am stärksten auswirken, und zwar von Mitarbeitern, die über die größte Entscheidungskompetenz verfügen.

Viele erfolgreiche Unternehmen besitzen eine starke Theorie, auch wenn sie sich dieser Tatsache vielleicht nicht immer bewusst sind oder eine andere Terminologie benutzen.[6] Sie beachten auch die vier Prinzipien F.E.L.D., wenn auch unterschiedlich intensiv.
Umgekehrt zeigen unsere Erfahrungen eindrucksvoll, dass unternehmerischer Misserfolg sich nahezu ausnahmslos auf die Verletzung einer oder mehrerer der drei genannten Bedingungen zurückführen lässt. Nicht nur das – eine konsequente Anwendung der Prinzipien F.E.L.D. in Verbindung mit einem intakten Kraftfeld könnte so manche Firmenpleite verhindern helfen.

[6] In diesem Zusammenhang ist oft von *Visionen* die Rede. Eine Vision hat Ähnlichkeit mit einer Unternehmenstheorie, enthält jedoch im Gegensatz zu dieser oft keine Handlungsanleitungen, vernebelt nicht selten den Ist-Zustand (siehe Neuer Markt!) oder es fehlt ihr auf Dauer ein klarer Bezug zum Ist-Zustand, wodurch sie leicht in Vergessenheit gerät. Zudem werden Visionen meist von der Unternehmensführung verkündet und erweisen sich schlicht als Anspruch an die Mitarbeiter, dass es so sei. Manche Visionen appellieren an Sehnsucht, diese ist jedoch oft nicht vorhanden, zu weit und diffus nach vorne (Utopie) oder gar rückwärts gerichtet (Nostalgie).

Es kommt nun sehr darauf an, diese hier nur andeutungsweise dargestellte Theorie des Unternehmens zu begreifen und zu verinnerlichen. Dazu muss man das Gleiche tun, was auch im Sport zu Professionalität führt: Üben, üben und immer wieder üben – am besten unter Anleitung und in der täglichen Praxis. Doch damit nicht genug – alle an diesem Prozess Beteiligten müssen unter einen Hut gebracht werden. Noch einmal in der Sprache des (Fußball-)Sports: Das Spielfeld mit den Toren, die Spieler, das Management und der Trainer, die Fans, die Sponsoren – sie alle zusammen bilden das Unternehmensfeld.

Wirkungen, die sich ergänzen

Durch ein *intaktes* Kraftfeld werden die Systemteile zu einer Einheit zusammengefasst. Arbeitsbeiträge Einzelner widersprechen sich nicht, sie ergänzen und verstärken sich vielmehr.

Aus dem Zusammenspiel der vier Wirkprinzipien F.E.L.D. entsteht hinreichend große Komplexität, alles überwuchernde Komplexität wird hingegen verhindert. Die so oft zitierte „Reduktion von (unerwünschter) Komplexität", zum Beispiel im Rahmen von Kostensenkungsprogrammen, wird also im großen Stil nicht erforderlich! Sie findet vielmehr überall und immer, also im Microbereich, statt. Pseudogenaues Planen erweist sich nicht als nützlich, eher sogar als hinderlich.
Nach meinem Verständnis bilden die Prinzipien F.E.L.D. das Handwerkszeug, mit dessen Hilfe sich Kreativität im Unternehmensfeld in bewertbaren Erfolg umwandelt.
Ein intaktes Unternehmensfeld ist Voraussetzung für Spitzenleistungen. So manches Unternehmen wähnt sich „auf der Suche nach Spitzenleistungen", trifft aber nicht die entsprechenden Vorkehrungen, um auch dahin zu gelangen.

Anmerkung: Sie könnten glauben, vier so einfach klingende Prinzipien können niemals geeignet sein, das Leben im Unternehmen dauerhaft positiv zu gestalten. Dem halte ich entgegen, dass Symphonien aus wenigen Noten und das unendlich komplexe Leben auf der Erde aus lediglich vier genetischen Bausteinen entstanden sind!

Ein „großes" und ein „kleines" Anwendungsbeispiel

Großes Beispiel: Ein Thema, das sich mit der vorgestellten Theorie sehr gut bearbeiten lässt, ist die „Analyse strategischer Erfolgsfaktoren" (wie etwa bei Aus- oder Neugründungen benötigt).
Ein Unternehmen der Haustechnik hat sich auf Grund seines hohen Bestandes an Kundenadressen dazu entschlossen, in den Stromhandel einzusteigen. Was geschieht in einer solchen Situation? Folgende drei Szenarien sind möglich:

a) Das Unternehmensfeld der neu entstehenden Geschäftseinheit ist Teil des starken Unternehmensfeldes der Muttergesellschaft und erfährt durch dieses kräftige Unterstützung bis zum Zeitpunkt einer eigenständigen stabilen Marktposition.

b) Die starken Unternehmensfelder der marktbeherrschenden Großkonzerne stoßen das im Entstehen begriffene Unternehmensfeld des Emporkömmlings ab – dessen Markteintritt gelingt nicht. Totalverlust der Investition.

c) Einer der starken Stromanbieter übernimmt alsbald das noch im Entstehen begriffene, nicht so recht auf eigene Beine kommende neue Unternehmen. Anstatt ein eigenes neues Geschäftsfeld aufzubauen, liefe das im Endeffekt darauf hinaus, einem der etablierten Großanbieter eine billige Erweiterung seines Marktanteils zu ermöglichen.

Eine sorgfältige Feldanalyse vorab und die zwischenzeitliche Entwicklung der Neugründung zeigen, dass das Szenario a) gute Chancen auf Verwirklichung hat.

Kleines Beispiel (oft mit großer Wirkung)**:** Ein vernünftiger Manager wird nicht bestreiten, dass es sinnvoll ist zu dezentralisieren oder – die lokale Form davon – zu delegieren, es sei denn, er hat negative Erfahrungen damit gemacht: »Unsere Niederlassung in Shanghai macht, was sie will; die halten sich überhaupt nicht an unsere Vorgaben.« Oder: »Da habe ich mich nun durchgerungen, das Projektmanagement für die Region Frankfurt einem Mitarbeiter zu übertragen, und nun springt uns dort der beste Kunde ab.« Was ist passiert?
Man darf niemals nur eines der vier Prinzipien F.E.L.D. anwenden, also zum Beispiel einhundert Prozent dezentralisieren oder einhundert Prozent delegieren. Vielmehr muss man die Wechselwirkungen im Feld beachten: Delegieren funktioniert nur dann richtig, wenn es eine Einrichtung gibt, nämlich das gemeinsame Feld, die die Verbindung der dezentralen Einheiten mit der Unternehmenszentrale sicherstellt. Delegieren funktioniert nur

in Verbindung mit Feincontrolling, ständigem Optimieren (Effizienz) und offener Kommunikation (Lernen aus Fehlern und von Vorbildern).

IT hilft bei der Implementierung und im täglichen Umgang

Gegenüber unseren Kunden haben wir das gleiche Problem, das auch SAP-Vorstand Peter Zencke in seinem Beitrag beschreibt: Wir müssen Abstraktes kommunizieren und unser Gegenüber von der Nützlichkeit unseres Ansatzes überzeugen. Der Punkt ist, dass wir gewissermaßen ohne Gepäck kommen, nicht sofort mit spektakulären Anwendungsbeispielen im Rucksack aufwarten können, aus denen sich mittels eines Standardsatzes an Handwerkszeug eine Lösung zimmern lässt, egal um welches Unternehmen und um welche Situation es sich handelt.
Unser Ansatz ist vollkommen konträr – wir gehen gleichsam wie Architekten zunächst unbefangen an die uns gestellte Aufgabe heran und versuchen durch genaues Hinhören und Analysieren der Situation zu erfassen, worum es unserem Klienten im Grunde geht. Erst danach machen wir individuelle und konkrete Umsetzungsvorschläge. Kein Reihenhaus!

In dieser Situation bieten uns IT-Instrumente wichtige und sehr konkrete Hilfe. Beim Anlegen des Unternehmensfeldes und bei der Anwendung der Unternehmenstheorie inklusive der Prinzipien F.E.L.D. im täglichen Arbeitsleben ist ein real-time Zugriff auf Informationen unterschiedlicher Struktur unverzichtbar.
Als besonders geeignet erweist sich hierbei eine Vernetzungstechnologie, die von einem namhaften Softwareunternehmen entwickelt wurde[7]. Ihre wesentliche Fähigkeit besteht darin, Dokumente und Dateien wie auch frei definierbare Objekte wie zum Beispiel Mitarbeiter oder Prozesse in beliebiger Anzahl und immer neuer Weise mit einander zu verknüpfen und auf diese Weise Lücken und bisher nicht transparente Wechselwirkungen im Unternehmen auf unterschiedlichen Handlungsebenen zu erkennen. Das für Verbesserungen notwendige Wissen wird zugleich generiert.
Ein Vorteil dieses IT-Instrumentes ist dessen stufenweise Implementierbarkeit, korrespondierend mit dem modularen Aufbau eines Unternehmensfeldes. Dabei ist es Mitarbeitern und Kunden möglich, eigene Erweiterungen des Systems zu entwickeln und einzufügen. Dies alles lässt sich im laufenden Betrieb realisieren.
Zahlreiche Anwendungsbeispiele belegen, dass sich auf diese Weise sowohl die innerbetrieblichen Kosten für die Feldarbeit – u. a. in der Admi-

[7] Stephan Huthmachers Beitrag können Sie mehr darüber lesen

nistration – erheblich reduzieren lassen (Effizienz), als auch die wichtigste Aufgabe für das Management, nämlich *die Arbeit am Unternehmensfeld mit dem Ziel, kollektives Vermögen zu schaffen,* an Effektivität und Kreativität gewinnt. Der Manager sät und erntet, die eigentliche Leistung entsteht jedoch in einem gut bestellten Feld!
Das Unternehmensfeld plus die vier Prinzipien F.E.L.D. sind zusammen „klüger" als der Detailmanager, der meint, alles selbst regeln zu müssen.

Die für die Führung des Unternehmens benötigten Informationen kommen direkt aus dem Unternehmensfeld; sie sind daher per Definition „hart", denn sie reflektieren in präziser Weise den aktuellen Zustand des Unternehmens. Allerdings gibt es unterschiedliche Härtegrade, je nachdem, um welche Erfolgsparameter es sich handelt. Hingegen gibt es die Eigenschaft „weich" in diesem Zusammenhang im Grunde überhaupt nicht. Alles, was nicht hart ist, ist ziemlich irrelevant.

Wie sich ein Unternehmen unter Dampf hält

Die beste Unternehmenstheorie und die beste Informationsverarbeitung nutzen nur wenig, wenn nicht das Personal entsprechende Beschaffenheit=Qualität verkörpert. Der Ideenreichtum und die Disziplin der Mitarbeiterinnen und Mitarbeiter im Unternehmensfeld tragen maßgeblich zum Unternehmenserfolg bei. Jede Theorie verblasst irgendwann, wenn sie nicht laufend überarbeitet wird und die Anwendungsmethoden nicht ständig verbessert werden. Oder wenn, wie es Hermann Hueber in seinem Beitrag ausdrückt, nicht auch immer wieder das zugrundeliegende Axiomensystem, also die Grundlagen, auf denen sich das Unternehmen aufbaut, und auch die Ziele, die es verfolgt, hinterfragt werden. In diesem Lichte ist der Kanon an Qualifikationen zu sehen, der üblicherweise mit einem guten Management in Verbindung gebracht wird.
Zu diesen Managementqualifikationen gehört es nicht, Dampf zu erzeugen. Die Mitarbeiter wollen nicht unter Druck arbeiten, sondern wollen unter Perspektiven im Rahmen ihrer unterschiedlichen Möglichkeiten mitarbeiten, insbesondere auch an der Weiterentwicklung eines intakten Unternehmensfeldes. Denn das sichert am ehesten ihre Arbeitsplätze. Um unseren dynamischen Jungmanager vom Anfang steht es nicht all zu gut.[8]

[8] Wie ich bei Drucklegung erfuhr, hat er inzwischen das Unternehmen verlassen!

Mathematiker: Ein Beruf mit Zukunft

Berufs- und Karriere-Planer 2003: Mathematik - Schlüsselqualifikation für Technik, Wirtschaft und IT

Für Studierende und Hochschulabsolventen.
Ein Studienführer und Ratgeber

2. Aufl. 2003. 472 S. Br. € 14,90 ISBN 3-528-13157-8

Inhalt: Warum Mathematik studieren? - Wahl der Hochschule - Aufbau und Inhalt des Mathematik-Studiums an Universitäten - Das Mathematik-Studium an Fachhochschulen - Tipps fürs Studium - Finanzierung des Studiums - Weiterbildung nach dem Studium - Bewerbung und Vorstellungsgespräch - Arbeitsvertrag und Berufsstart - Branchen und Unternehmensbereiche - Beispiele für berufliche Tätigkeitsfelder von Mathematikern: Praktikerporträts - Mathematikstudium und Berufe in Österreich und in der Schweiz - Existenzgründung: Tipps zur Selbständigkeit - Firmenindex

Dieses Buch beschreibt die Wichtigkeit der Mathematik als Schlüsselqualifikation. Es zeigt, wie vielfältig und interessant die beruflichen Möglichkeiten für Mathematiker sind, und informiert über Wert, Attraktivität und Chancen des Mathematikstudiums. Als Handbuch und Nachschlagewerk richtet es sich an Abiturienten, Studierende, Absolventen, Berufsanfänger, aber auch an Lehrer, Dozenten, Studien- und Berufsberater.

„Ein reichhaltiges Buch also, das man (angehenden oder fertigen Studenten) warm empfehlen kann“

Mathematische Semesterberichte 48/02

Abraham-Lincoln-Straße 46
65189 Wiesbaden
Fax 0611.7878-400
www.vieweg.de

Stand 1.7.2003. Änderungen vorbehalten.
Erhältlich im Buchhandel oder im Verlag.

Mathematik als Teil der Kultur

Martin Aigner, Ehrhard Behrends (Hrsg.)

Alles Mathematik

Von Pythagoras zum CD-Player

2., erw. Aufl. 2002. VIII, 342 S. Br. € 24,90 ISBN 3-528-13131-4

An der Berliner Urania, der traditionsreichen Bildungsstätte mit einer großen Breite von Themen für ein interessiertes allgemeines Publikum, gibt es seit einiger Zeit auch Vorträge, in denen die Bedeutung der Mathematik in Technik, Kunst, Philosophie und im Alltagsleben dargestellt wird. Im vorliegenden Buch ist eine Auswahl dieser Urania-Vorträge dokumentiert, die mit den gängigen Vorurteilen „Mathematik ist zu schwer, zu trocken, zu abstrakt, zu abgehoben" aufräumen.

Denn Mathematik ist überall in den Anwendungen gefragt, weil sie das oft einzige Mittel ist, praktische Probleme zu analysieren und zu verstehen. Vom CD-Player zur Börse, von der Computertomographie zur Verkehrsplanung, alles ist (auch) Mathematik.

Es ist die Hoffnung der Herausgeber, dass zwei wesentliche Aspekte der Mathematik deutlich werden: Einmal ist sie die reinste Wissenschaft - Denken als Kunst -, und andererseits ist sie durch eine Vielzahl von Anwendungen in allen Lebensbereichen gegenwärtig.

Die 2. Auflage enthält drei neue Beiträge zu aktuellen Themen (Intelligente Materialien, Diskrete Tomographie und Spieltheorie) und mehr farbige Abbildungen.

Abraham-Lincoln-Straße 46
65189 Wiesbaden
Fax 0611.7878-400
www.vieweg.de

Stand 1.7.2003. Änderungen vorbehalten.
Erhältlich im Buchhandel oder im Verlag.